くもんの小学ドリル

# がんばり3年生 学習記ろく表

名前

| 1 | 2 | 3 | 4 | 5 | 6 | 7 | 8 |
|---|---|---|---|---|---|---|---|
| 9 | 10 | 11 | 12 | 13 | 14 | 15 | 16 |
| 17 | 18 | 19 | 20 | 21 | 22 | 23 | 24 |
| 25 | 26 | 27 | 28 | 29 | 30 | 31 | 32 |
| 33 | 34 | 35 | 36 | 37 | 38 | 39 | 40 |
| 41 | 42 | 43 | | | | | |

1さつぜんぶ終わったら、
ここに大きなシールを
はりましょう。

あなたは
「くもんの小学ドリル　算数　3年生数・りょう・図形」を、
さいごまでやりとげました。
すばらしいです！
これからもがんばってください。

# 1 2年生のふくしゅう ①

月　日　名前

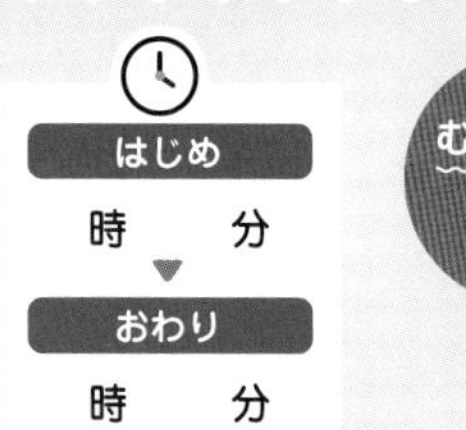

**1** つぎの数を（　）に数字でかきましょう。〔1もん　5点〕

① 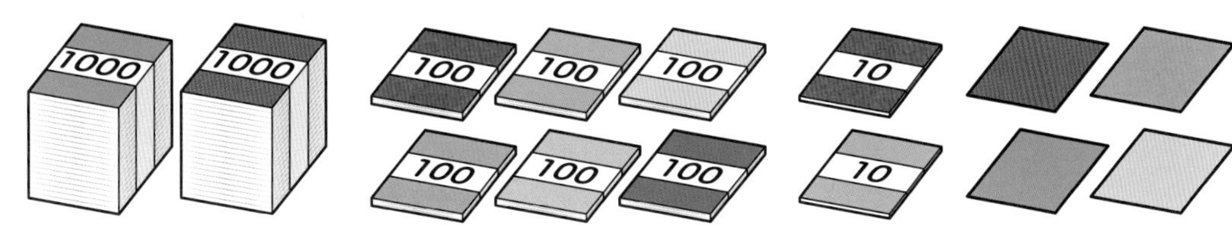


（　　　）

② 100を5つと，10を8つと，1を2つあわせた数

（　　　）

③ 1000を7つと，100を5つと，10を9つあわせた数

（　　　）

④ 1000を10あつめた数　（　　　）

⑤ 100を42あつめた数　（　　　）

⑥ 千の位(くらい)が6，百の位(くらい)が9，十の位(くらい)が2，一の位(くらい)が5の数

（　　　）

⑦ 10000より1小さい数　（　　　）

⑧ 9000より1小さい数　（　　　）

⑨ 1009より1大きい数　（　　　）

⑩ 4999より1大きい数　（　　　）

## 2 午前，午後を考えて，つぎの時こくをかきましょう。 〔1もん 10点〕

① 昼

② 朝

（　　　　　　）　（　　　　　　）

## 3 つぎの紙テープの長さは何cm何mmですか。 〔1もん 5点〕

①

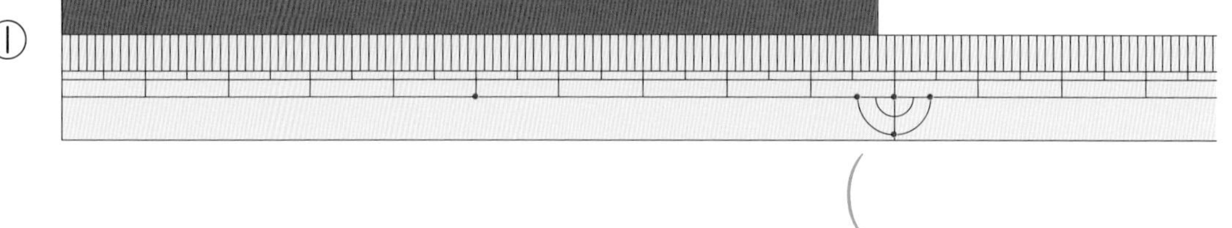

（　　　　　　）

②

（　　　　　　）

## 4 □にあてはまる数をかきましょう。 〔1もん 5点〕

① 11dL ＝ □ L □ dL
11dL ＝ □ mL

② 16dL ＝ □ L □ dL
16dL ＝ □ mL

③ 2500mL ＝ □ dL
2500mL ＝ □ L □ dL

④ 1100mL ＝ □ dL
1100mL ＝ □ L □ dL



まちがえたもんだいは，もういちどやり直してみよう。

とく点 　点

# 2年生のふくしゅう ②

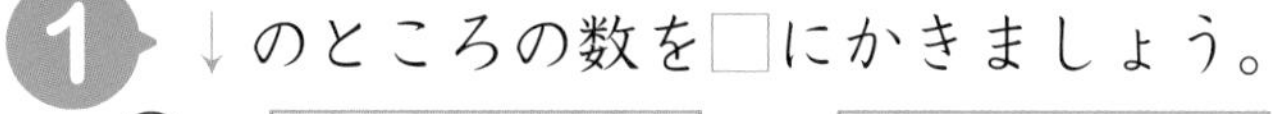

月　日　名前

**1** ↓のところの数を□にかきましょう。〔□1つ　3点〕

①

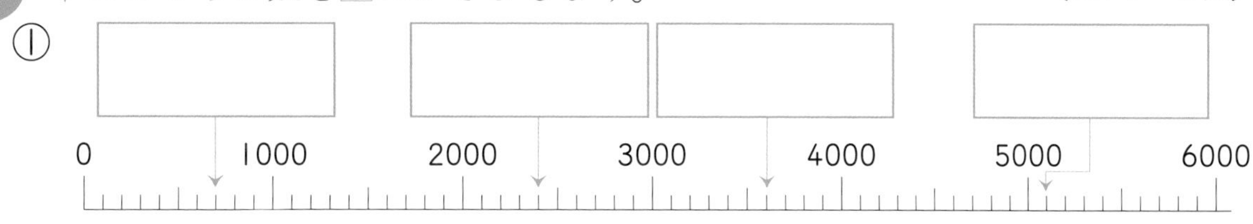


②

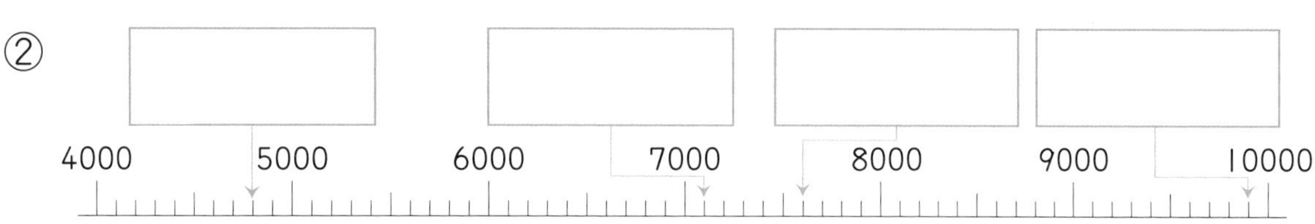


**2** 時計の時こくを見て，〔　　〕の時こくをかきましょう。〔1もん　3点〕

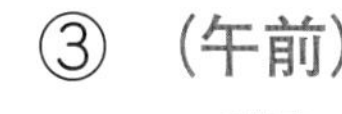

①（午前）

〔30分後〕

（午前　　時　　分）

②（午後）

〔1時間30分後〕

（　　　　）

③（午前）

〔3時間後〕

（　　　　）

**3** 右のはこを見て，①～④のもんだいに答えましょう。〔1もん　3点〕

① はこの面（めん）にはどんな形がありますか。

長方形と（　　　　）

② はこの面（めん）の数はいくつですか。（　　　　）

③ はこの辺（へん）の数はいくつですか。（　　　　）

④ はこのちょう点の数はいくつですか。（　　　　）

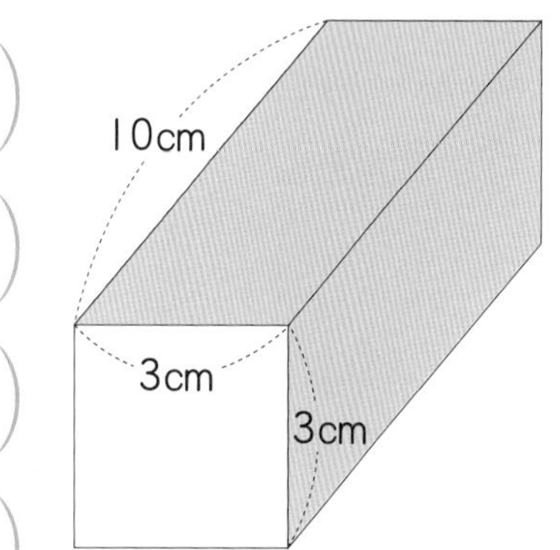

## 4 ○，△，□，☆が，それぞれ何こあるかしらべます。

① どの形が何こあるかしらべて，表(ひょう)にかきましょう。〔□1つ　3点〕

| 形のしゅるい | ○ | △ | □ | ☆ |
|---|---|---|---|---|
| 何こ | こ | こ | こ | こ |

② いちばん多い形は何ですか。〔3点〕（　　　）

## 5 □にあてはまる数をかきましょう。〔1もん　2点〕

① 1cm ＝ □ mm

② 9cm 2mm ＝ □ mm

③ 2cm 5mm ＝ □ mm

④ 10mm ＝ □ cm

⑤ 62mm ＝ □ cm □ mm

⑥ 1m46cm ＝ □ cm

⑦ 3m 5cm ＝ □ cm

⑧ 100cm ＝ □ m

⑨ 708cm ＝ □ m □ cm

⑩ 265cm ＝ □ m □ cm

## 6 かさの多いじゅんに，（　）に1，2，3と番号(ばんごう)をかきましょう。〔1もん　5点〕

① 320mL（　）　3dL（　）　3L（　）

② 12L（　）　1500mL（　）　100dL（　）

③ 50dL（　）　8L（　）　1100mL（　）

④ 5L（　）　4900mL（　）　70dL（　）



まちがえたもんだいは，もういちどやり直してみよう。

とく点　　点

**1** 紙が1000まいずつたばになっています。紙のまい数を□に数字でかきましょう。

〔1もん　6点〕

①

1000 1000 1000 1000 1000 1000 1000 1000 1000

□ まい

②

1000 1000 1000 1000 1000 1000 1000 1000 1000 1000

10000 まい

③

1000 1000 1000 1000 1000 1000 1000 1000 1000 1000 1000

□ まい

④

⑤

⑥

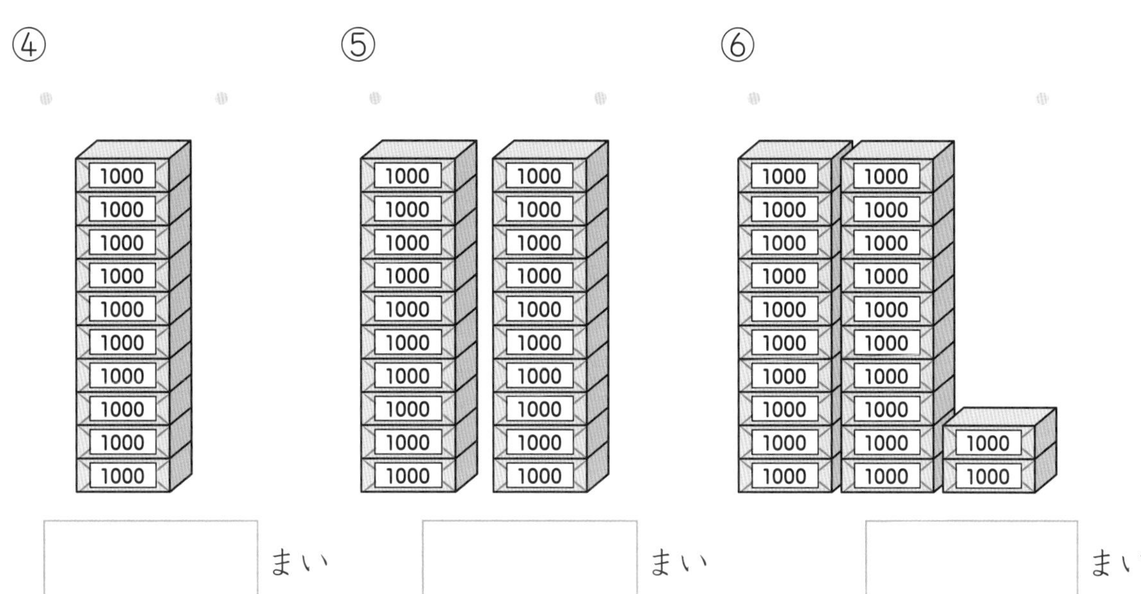

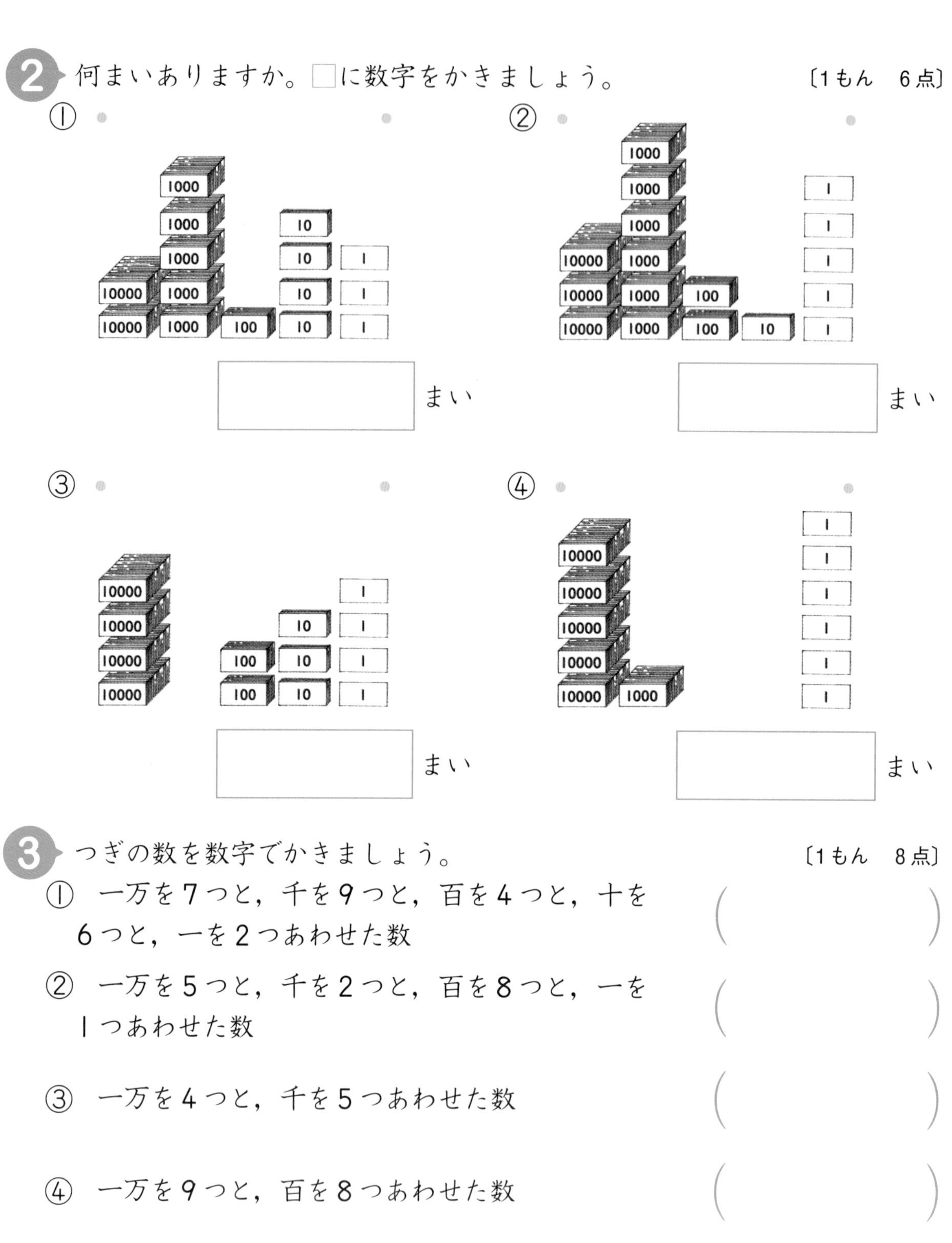

**2** 何まいありますか。□に数字をかきましょう。〔1もん　6点〕

① □まい

② □まい

③ □まい

④ □まい

**3** つぎの数を数字でかきましょう。〔1もん　8点〕

① 一万を7つと，千を9つと，百を4つと，十を6つと，一を2つあわせた数　(　　　)

② 一万を5つと，千を2つと，百を8つと，一を1つあわせた数　(　　　)

③ 一万を4つと，千を5つあわせた数　(　　　)

④ 一万を9つと，百を8つあわせた数　(　　　)

⑤ 一万を3つと，十を7つあわせた数　(　　　)



**まちがえたもんだいはやり直して，どこでまちがえたのか，よくたしかめておこう。**

とく点　　点

**1** □にあてはまる数字をかきましょう。〔1もん 5点〕

① 千の10倍(ばい)は一万で，[ 10000 ] とかきます。

② 一万の10倍(ばい)は十万で，[ ] とかきます。

③ 十万の10倍(ばい)は百万で，[ ] とかきます。

④ 百万の10倍(ばい)は千万で，[ ] とかきます。

**2** 「26345791」について，下の□にあてはまるかん字をかきましょう。〔1もん 4点〕

①

| □万の位(くらい) | □万の位(くらい) | □万の位(くらい) | 一万の位(くらい) | 千の位(くらい) | 百の位(くらい) | 十の位(くらい) | 一の位(くらい) |
|---|---|---|---|---|---|---|---|
| 2 | 6 | 3 | 4 | 5 | 7 | 9 | 1 |

② 千の位(くらい)から左へじゅんに，[ ] の位(くらい)，[ ] の位(くらい)，[ ] の位(くらい)，[ ] の位(くらい)といいます。

③ 26345791の「6」は，[ ] の位(くらい)の数字です。

④ 26345791の「2」は，[ ] の位(くらい)の数字です。

⑤ 26345791の「3」は，[ ] の位(くらい)の数字です。

## 3 つぎの数を読んで，(　)にかん字でかきましょう。 〔1もん　5点〕

| | 千万の位 | 百万の位 | 十万の位 | 一万の位 | 千の位 | 百の位 | 十の位 | 一の位 | |
|---|---|---|---|---|---|---|---|---|---|
| ① | 7 | 2 | 8 | 4 | 0 | 0 | 0 | 0 | (七千二百八十四万) |
| ② | 7 | 2 | 8 | 4 | 2 | 5 | 1 | 3 | (七千二百八十四万二千五百十三) |
| ③ | 8 | 6 | 3 | 1 | 0 | 0 | 0 | 0 | (　) |
| ④ | 8 | 6 | 3 | 1 | 4 | 2 | 5 | 0 | (　) |
| ⑤ | 4 | 5 | 0 | 0 | 0 | 0 | 0 | 0 | (四千五百万) |
| ⑥ | 4 | 5 | 0 | 0 | 6 | 7 | 0 | 0 | (　) |
| ⑦ | 3 | 0 | 0 | 9 | 0 | 0 | 0 | 0 | (　) |
| ⑧ | 3 | 0 | 0 | 9 | 0 | 2 | 0 | 0 | (　) |

## 4 つぎの数を(　)に数字でかきましょう。 〔1もん　4点〕

| | | 千万の位 | 百万の位 | 十万の位 | 一万の位 | 千の位 | 百の位 | 十の位 | 一の位 |
|---|---|---|---|---|---|---|---|---|---|
| ① | 八千六百三十一万五千四百六十二 | 8 | 6 | 3 | 1 | 5 | 4 | 6 | 2 |
| ② | 九千七百二十四万 | | | | | | | | |
| ③ | 千三十万 | | | | | | | | |
| ④ | 四百二万五千 | | | | | | | | |
| ⑤ | 三百万千七十 | | | | | | | | |



どの位にどんな数字をかけばよいか，よく考えてかこう。

とく点　　点

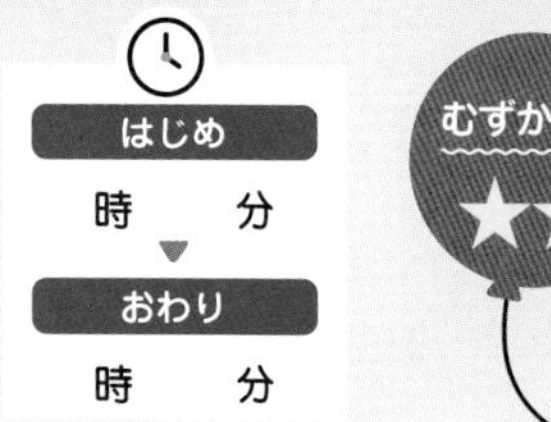

**1** つぎの数を（ ）に数字でかきましょう。 〔1もん 4点〕

| 千万の位 | 百万の位 | 十万の位 | 一万の位 | 千の位 | 百の位 | 十の位 | 一の位 |
|---|---|---|---|---|---|---|---|
| 4 | 3 | 5 | 7 | 0 | 0 | 0 | 0 |

① 千万の位が4で，百万の位が3で，十万の位が5で，一万の位が7で，ほかの位が0の数 （43570000）

② 千万の位が6で，十万の位が8で，千の位が1で，十の位が2で，ほかの位が0の数 （ ）

③ 千万を2つと，百万を1つと，十万を7つと，一万を6つあわせた数 （ ）

④ 千万を8つと，百万を5つと，一万を1つあわせた数 （ ）

⑤ 百万を9つと，十万を3つあわせた数 （ ）

**2** つぎの数を（ ）に数字でかきましょう。 〔1もん 5点〕

① 千万の位が5で，百万の位が1で，十万の位が6で，一万の位が3で，ほかの位が0の数 （ ）

② 千万を7つと，百万を4つと，十万を8つと，一万を2つあわせた数 （ ）

③ 千万を9つと，百万を6つと，一万を4つあわせた数 （ ）

④ 百万を3つと，十万を9つあわせた数 （ ）

**3** 「41367985」について，答えましょう。 〔1もん　5点〕

① 「4」は，何が4つあることを表し（あらわ）ていますか。 （　　　　）

② 「3」は，何が3つあることを表し（あらわ）ていますか。 （　　　　）

| 千万 | 百万 | 十万 | 一万 | 千 | 百 | 十 | 一 |
|---|---|---|---|---|---|---|---|
| 4 | 1 | 3 | 6 | 7 | 9 | 8 | 5 |

**4** □にあてはまる数を数字でかきましょう。 〔1もん　5点〕

① 70000は，10000を 7 つあつめた数です。

② 170000は，10000を 17 あつめた数です。

③ 170000は，1000を □ あつめた数です。

④ 1700000は，10000を □ あつめた数です。

⑤ 1700000は，1000を □ あつめた数です。

⑥ 35万は，1万を □ あつめた数です。

⑦ 1万を15あつめた数は， □ です。

⑧ 1万を15と，あと403をあわせた数は， □ です。

⑨ 1万を25と，あと720をあわせた数は， □ です。

⑩ 千万を10あつめた数を一億（おく）といい， □ とかきます。



まちがえたもんだいはやり直して，どこでまちがえたのか，よくたしかめておこう。

点

**1** 下のように，同じ長さにくぎって目もりをつけた数の線を，**数直線**（すうちょくせん）といいます。下の数直線で，↓が表（あらわ）す数を□の中にかきましょう。〔□1つ 2点〕

① 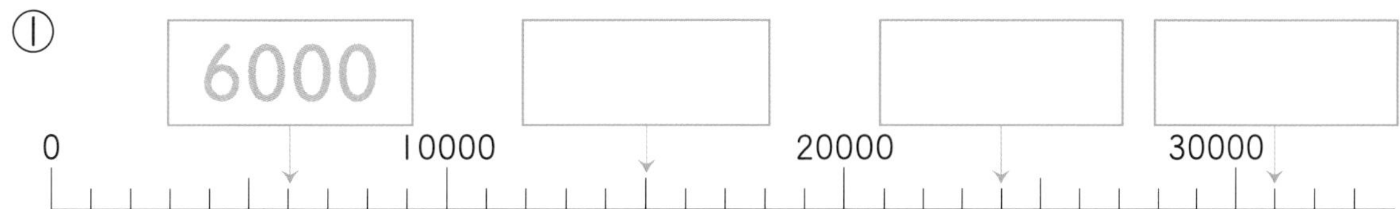


② 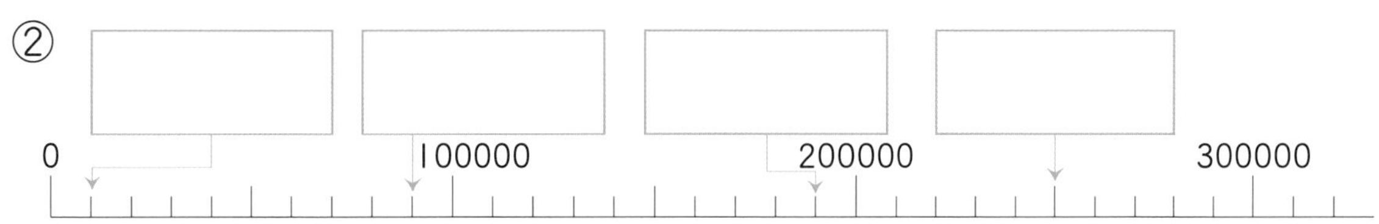


③ 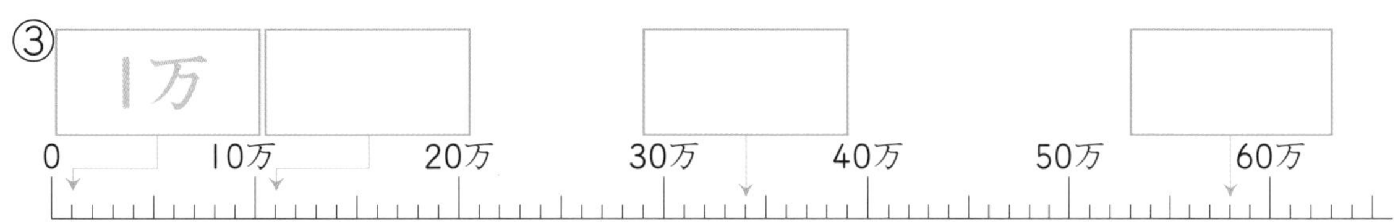


④ 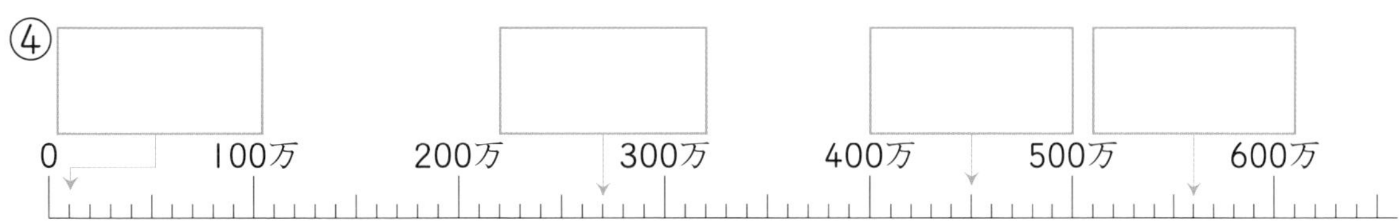


⑤ 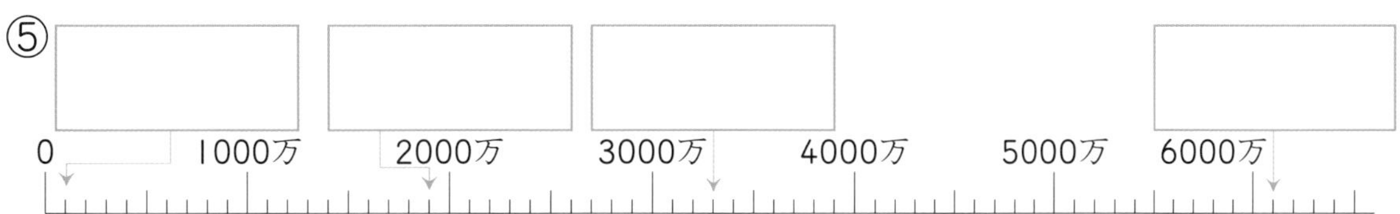

**2** 下の数直線で，↓が表す数を□の中にかきましょう。　〔□1つ　3点〕

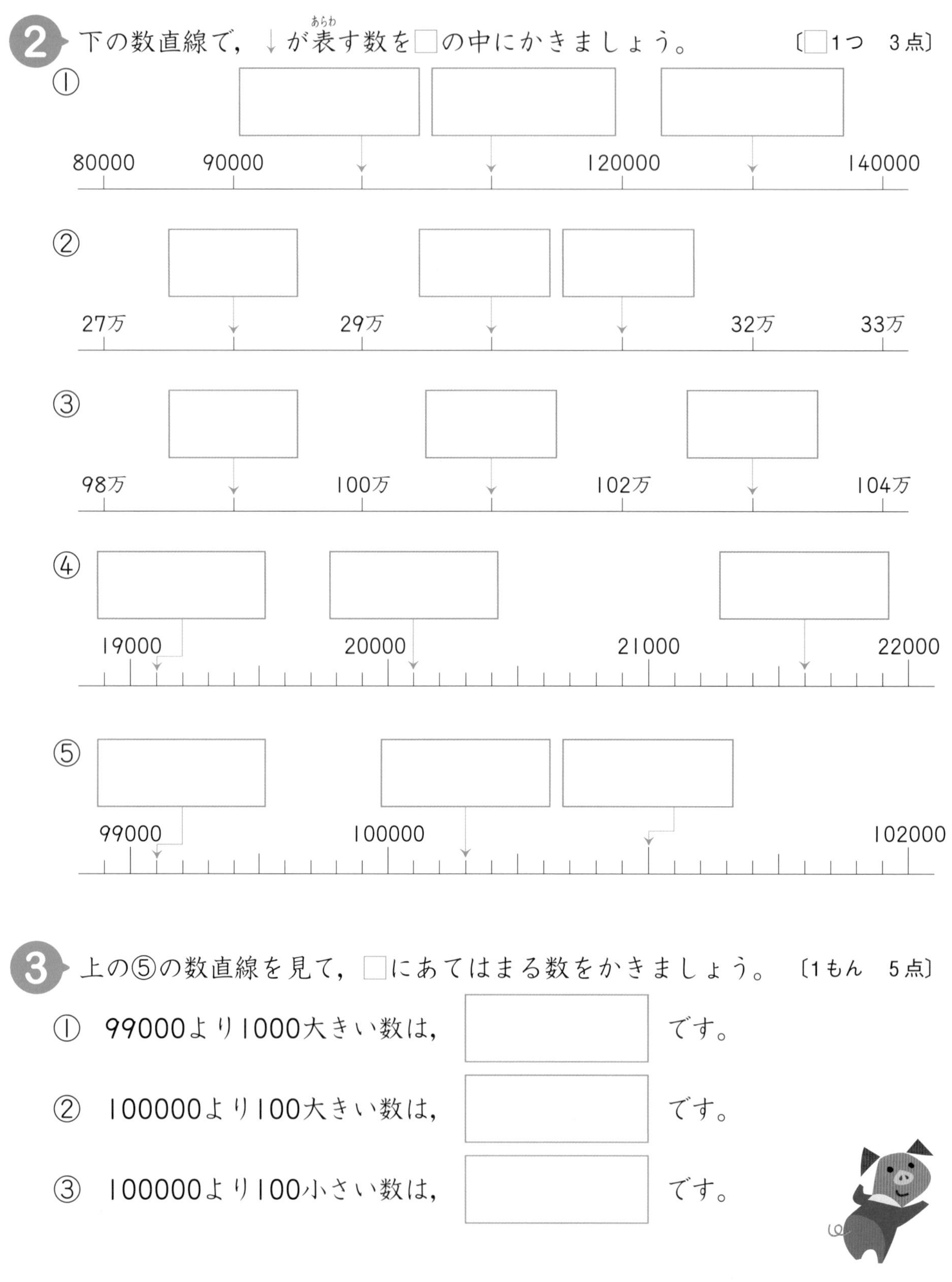


**3** 上の⑤の数直線を見て，□にあてはまる数をかきましょう。　〔1もん　5点〕

① 99000より1000大きい数は，□です。

② 100000より100大きい数は，□です。

③ 100000より100小さい数は，□です。



答えをかきおわったら見直しをして，まちがいを少なくしよう。

とく点　　点

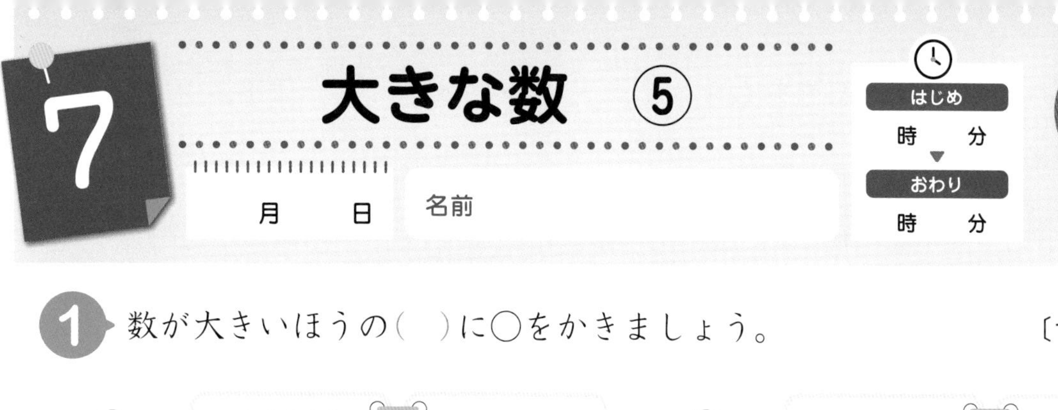


**1** 数が大きいほうの(　)に○をかきましょう。〔1もん　4点〕

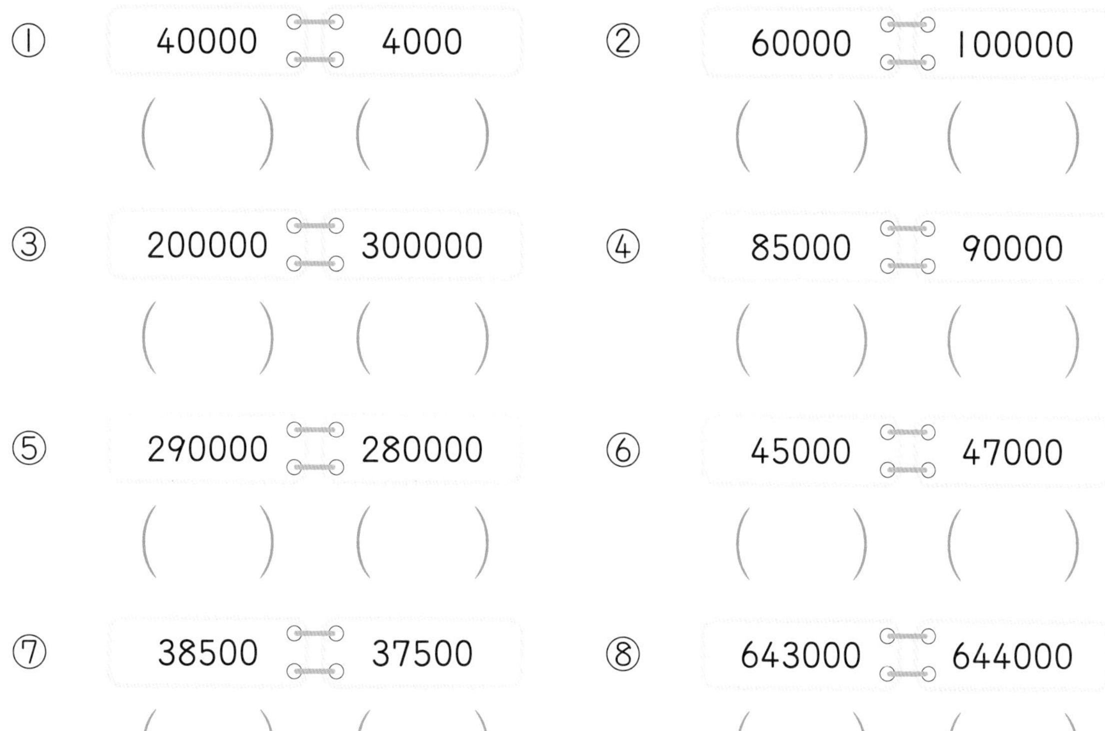


**2** つぎのもんだいに答えましょう。〔1もん　4点〕

① 756000より大きい数を，ぜんぶ◯でかこみましょう。

800000　700000　6000000　90000　1000000

② 756000より大きい数を，ぜんぶ◯でかこみましょう。

856000　656000　906000　956000　698000

③ 756000より大きい数を，ぜんぶ◯でかこみましょう。

755000　759000　757000　754000　756001

**3** 〔　〕の中の数の大きさをくらべて，大きいじゅんに（　）に１，２，３と番号をかきましょう。〔１もん　６点〕

① 〔 876539（　）　867539（　）　875639（　） 〕

② 〔 99999（　）　100200（　）　100120（　） 〕

**4** 左と右の数の大きさをくらべて，□にあてはまる不等号（>，<）をかきましょう。〔１もん　４点〕

① 500 [ > ] 300

② 8000 [ < ] 10000

③ 70000 [　] 60000

④ 35000 [　] 45000

⑤ 590000 [　] 570000

⑥ 2440000 [　] 2450000

⑦ 1710023 [　] 1701023

⑧ 101010 [　] 100110

⑨ 863900 [　] 864000

⑩ 80万 [　] 90万

⑪ 560万 [　] 570万

5は4より大きいことを
5>4
8は10より小さいことを
8<10
と表します。



まちがえたもんだいはやり直して，どこでまちがえたのか，よくたしかめておこう。

とく点　　点

# 大きな数 ⑥

月　日　名前

はじめ　時　分
おわり　時　分

むずかしさ ★★

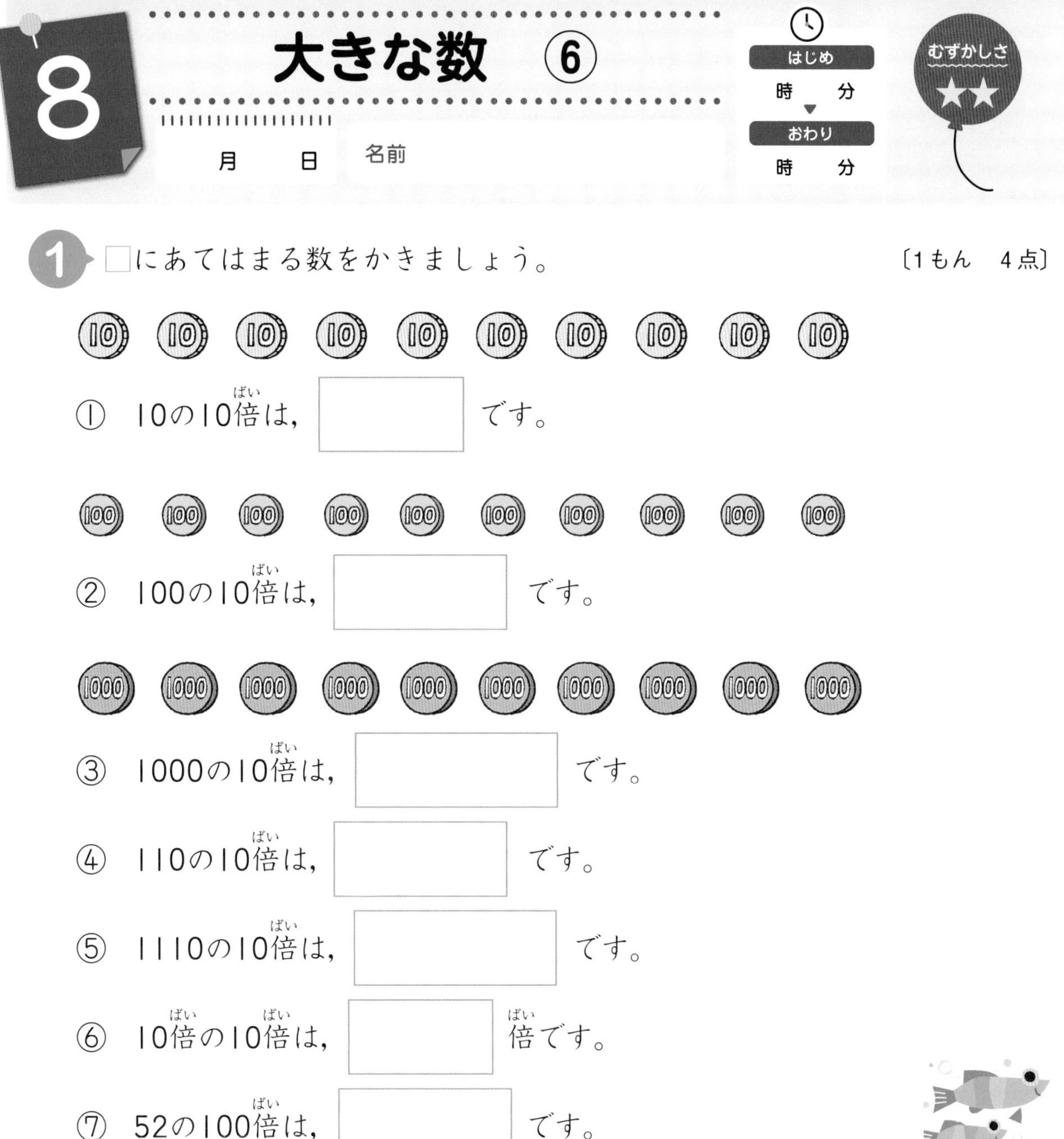

1 □にあてはまる数をかきましょう。〔1もん　4点〕

① 10の10倍(ばい)は，□です。

② 100の10倍(ばい)は，□です。

③ 1000の10倍(ばい)は，□です。

④ 110の10倍(ばい)は，□です。

⑤ 1110の10倍(ばい)は，□です。

⑥ 10倍(ばい)の10倍(ばい)は，□倍(ばい)です。

⑦ 52の100倍(ばい)は，□です。

⑧ 52の1000倍(ばい)は，□です。

⑨ ある数を10倍(ばい)すると，もとの数の右に0を□つけた数になります。

⑩ ある数を100倍(ばい)すると，もとの数の右に0を□つけた数になります。

**2** つぎの数の10倍と100倍の数を，表にかきましょう。 〔□1つ 2点〕

| もとの数 | 38 | 47 | 60 | 500 |
|---|---|---|---|---|
| 10倍した数 | 380 | | | |
| 100倍した数 | 3800 | | | |

| もとの数 | 945 | 106 | 120 | 790 |
|---|---|---|---|---|
| 10倍した数 | | | | |
| 100倍した数 | | | | |

**3** □にあてはまる数をかきましょう。 〔1もん 6点〕

① 5200を10でわると， □ です。

② 520を10でわると， □ です。

52 ⇄ 520 ⇄ 5200
（右へ：10倍すると　左へ：10でわると）

**4** つぎの数を10でわった数を（ ）にかきましょう。 〔1もん 2点〕

① 70 （ ）
② 80 （ ）
③ 400 （ ）
④ 3000 （ ）
⑤ 190 （ ）
⑥ 610 （ ）
⑦ 9200 （ ）
⑧ 9020 （ ）



大きな数は，0がいくつあるかに気をつけてかこう。

とく点 　点

# 長さ ①

月　日　名前

**1** いろいろなものの長さをはかりたいと思います。下の□の㋐～㋓のようなどうぐのうち，どれをつかってはかると，いちばんべんりだと思いますか。㋐～㋓の記号で答えましょう。〔1もん　4点〕

㋐ 30cmのものさし ……………
㋑ 1mのものさし ……………
㋒ 2mのまきじゃく ……………
㋓ 20mのまきじゃく ……………

① 本のたてと横の長さ （　　）

② プールのたてと横の長さ （　　）

③ つくえの高さ （　　）

④ でんしんばしらのまわりの長さ （　　）

⑤ 本のあつさ （　　）

⑥ 頭のまわりの長さ （　　）

⑦ 教室のたてと横の長さ （　　）

⑧ えんぴつの長さ （　　）

**2** まきじゃくの↓の目もりを読んで，□に長さをかきましょう。〔□1つ　4点〕

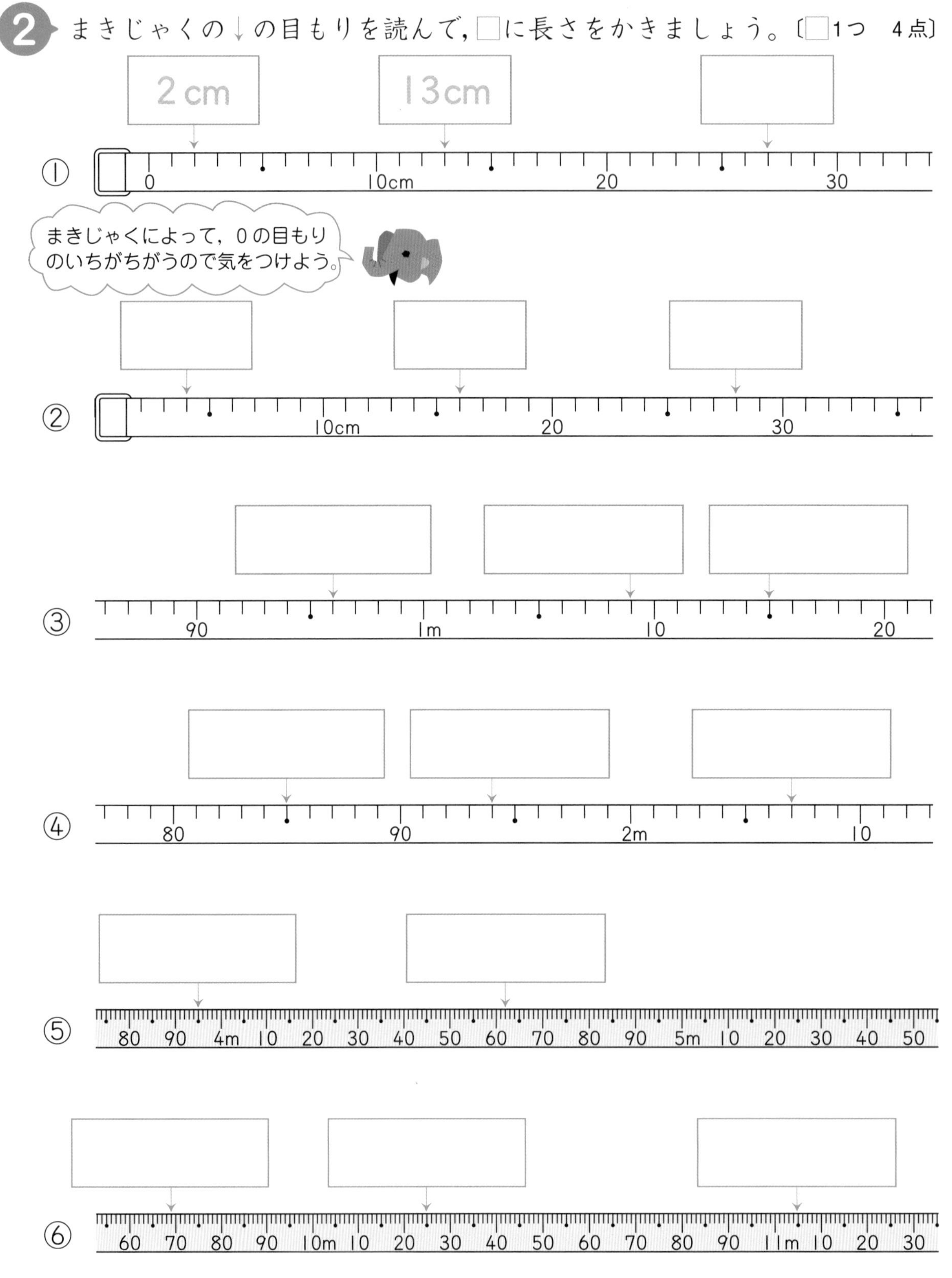




まちがえたもんだいは，もういちどやり直してみよう。

とく点　　点

# 長さ ②

月　日　名前

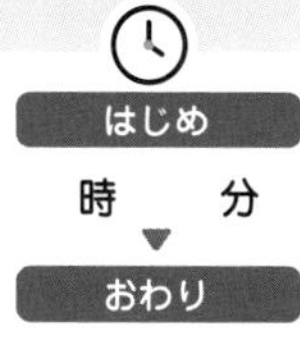

**おぼえておこう**

1km＝1000m

●1000mを，**1キロメートル**といい，**1km**とかきます。

**1** □にあてはまる数をかきましょう。〔1もん　3点〕

| | | |
|---|---|---|
| ① 1km ＝ [1000] m | ⑪ 1000m ＝ [1] km | |
| ② 1km5m ＝ □ m | ⑫ 1400m ＝ □ km □ m | |
| ③ 1km50m ＝ □ m | ⑬ 1060m ＝ □ km □ m | |
| ④ 1km500m ＝ □ m | ⑭ 1850m ＝ □ km □ m | |
| ⑤ 1km550m ＝ □ m | ⑮ 2300m ＝ □ km □ m | |
| ⑥ 2km ＝ □ m | ⑯ 2050m ＝ □ km □ m | |
| ⑦ 2km80m ＝ □ m | ⑰ 2560m ＝ □ km □ m | |
| ⑧ 2km400m ＝ □ m | ⑱ 3000m ＝ □ km | |
| ⑨ 2km650m ＝ □ m | ⑲ 3200m ＝ □ km □ m | |
| ⑩ 3km180m ＝ □ m | ⑳ 3650m ＝ □ km □ m | |

## 2 長いほうの(　)に○をつけましょう。　〔1もん　3点〕

① [ 700m ( ) 800m ( ) ]

② [ 650m ( ) 605m ( ) ]

③ [ 1km ( ) 950m ( ) ]

④ [ 1km300m ( ) 1km400m ( ) ]

⑤ [ 1km70m ( ) 1km100m ( ) ]

⑥ [ 1km550m ( ) 1km650m ( ) ]

⑦ [ 1km200m ( ) 1100m ( ) ]

⑧ [ 1km350m ( ) 1380m ( ) ]

⑨ [ 1600m ( ) 1km80m ( ) ]

⑩ [ 2050m ( ) 2km500m ( ) ]

## 3 長いじゅんに，(　)に1，2，3，4と番号(ばんごう)をかきましょう。　〔1もん　5点〕

① [ 1km ( ) 1100m ( ) 1km10m ( ) 990m ( ) ]

② [ 1880m ( ) 2km ( ) 1km790m ( ) 2050m ( ) ]

1m＝100cm，1km=1000mであることをかくにんしておこう。

とく点　　点

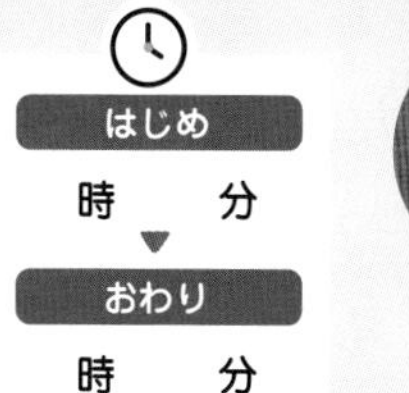

**おぼえておこう**

- 道にそってはかった長さを**道のり**といいます。
- まっすぐにはかった長さを**きょり**といいます。

**1** 右の地図は，あかりさんの家のまわりを表(あらわ)したものです。地図を見て，つぎのもんだいに答えましょう。

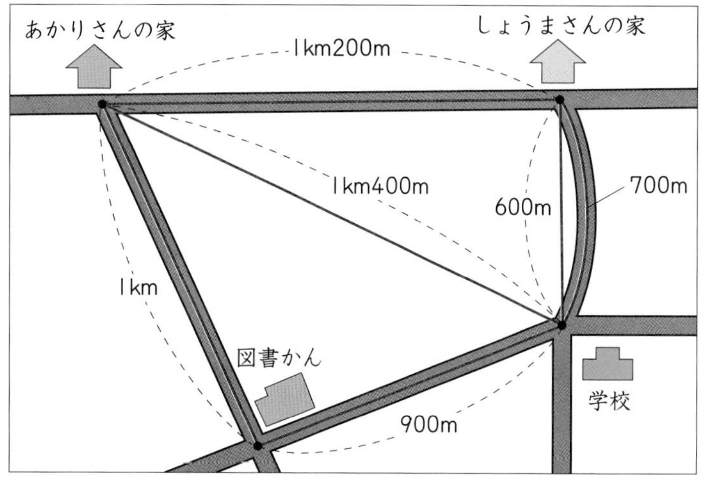


① あかりさんの家から学校までのきょりは何km何mですか。〔7点〕

（　　km　　m）

② あかりさんの家から，図書かんまでの道のりは何kmですか。いちばん短(みじか)い道のりで答えましょう。〔7点〕

（　　　）

③ あかりさんの家から，図書かんの前を通って学校までの道のりは何km何mですか。〔7点〕

（　　　）

④ しょうまさんの家から学校までのきょりは何mですか。〔7点〕

（　　　）

⑤ しょうまさんの家から学校までの道のりは何mですか。いちばん短(みじか)い道のりで答えましょう。〔7点〕

（　　　）

⑥ あかりさんの家から，しょうまさんの家の前を通って学校までの道のりは何km何mですか。〔7点〕

（　　　）

**2** 右の地図は，たくみさんの家のまわりを表(あらわ)したものです。地図を見て，つぎのもんだいに答えましょう。

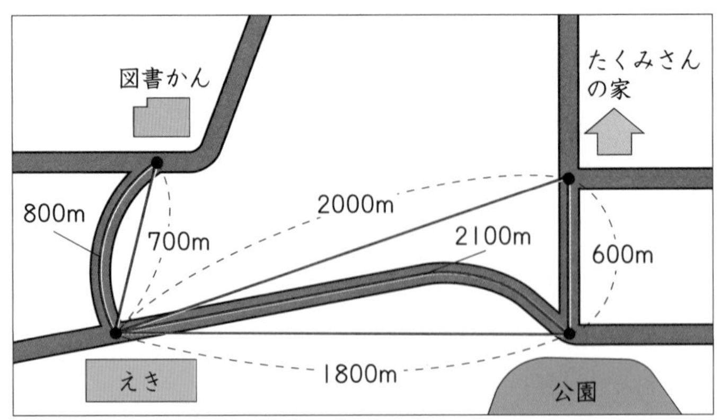


① 図書かんからえきまでのきょりは何mですか。〔7点〕

（　　　　　）

② 図書かんからえきまでの道のりは何mですか。〔7点〕

（　　　　　）

③ 図書かんからえきまでのきょりと道のりとでは，何mちがいますか。〔10点〕

（　　　　　）

④ たくみさんの家からえきまでのきょりはどれだけですか。kmに直して答えましょう。〔7点〕

（　　　　　）

⑤ たくみさんの家からえきまでの道のりは何km何mですか。〔7点〕

（　　　　　）

⑥ たくみさんの家からえきまでのきょりと道のりとでは，何mちがいますか。〔10点〕

（　　　　　）

⑦ たくみさんの家からえきまでの道のりと，図書かんから公園までの道のりとでは，何mちがいますか。〔10点〕

（　　　　　）



**道のりときょりのちがいに気をつけよう。**

とく点　　点

**1** はかりで重(おも)さをはかっています。はかりのはりは何g（**グラム**）をさしていますか。（ ）にかきましょう。〔1もん 5点〕

① （ 200g ）

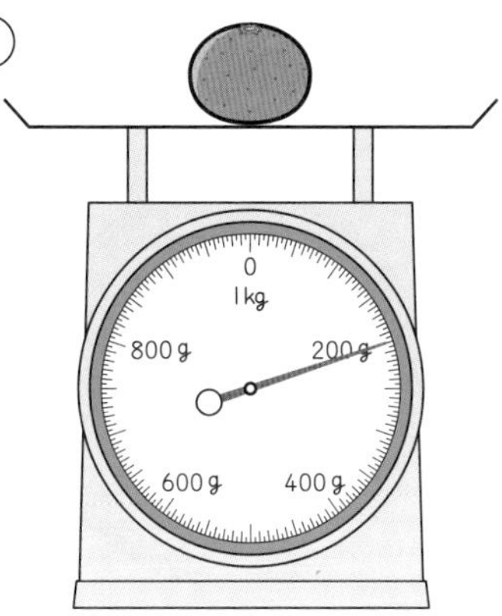

② （ g ）

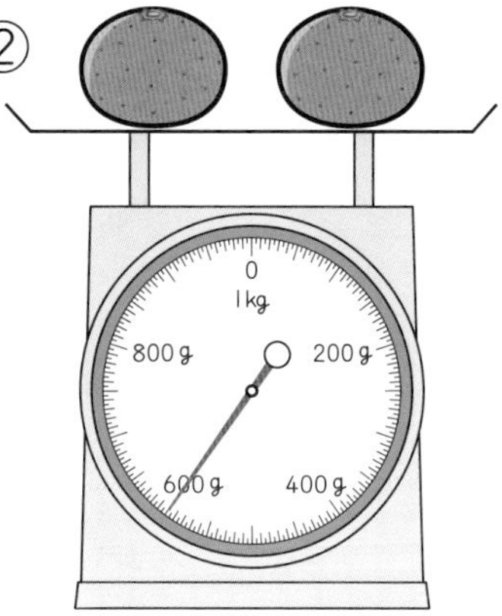

③ （ g ）

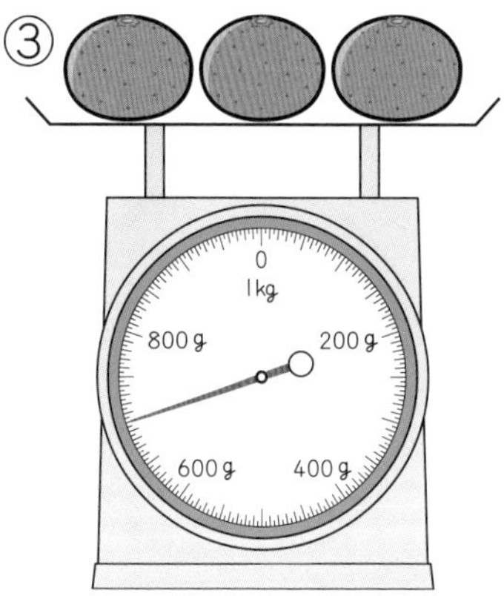

④ （ ）

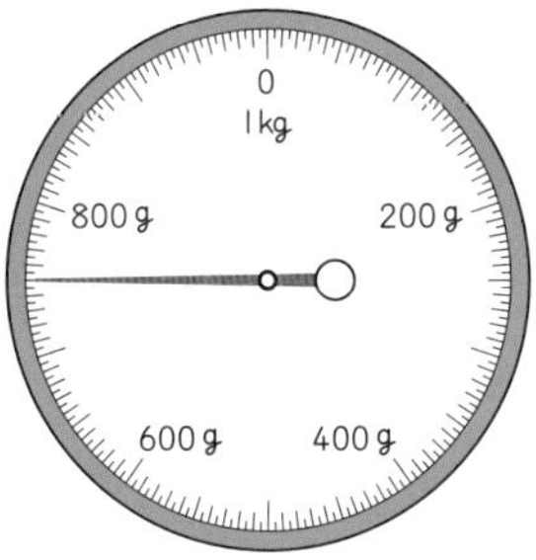

⑤ （ ）

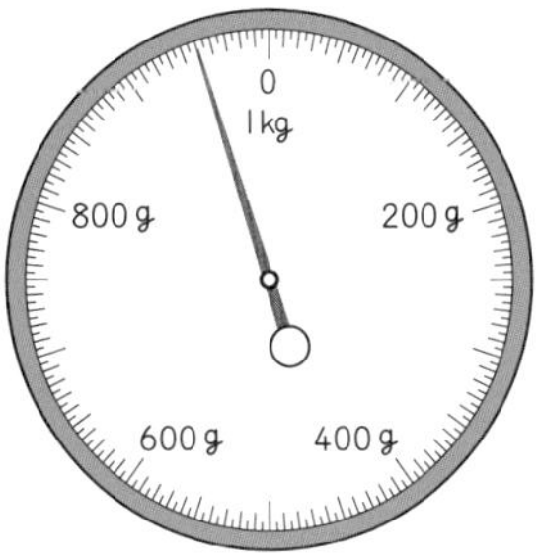

⑥ （ ）

⑦ （ ）

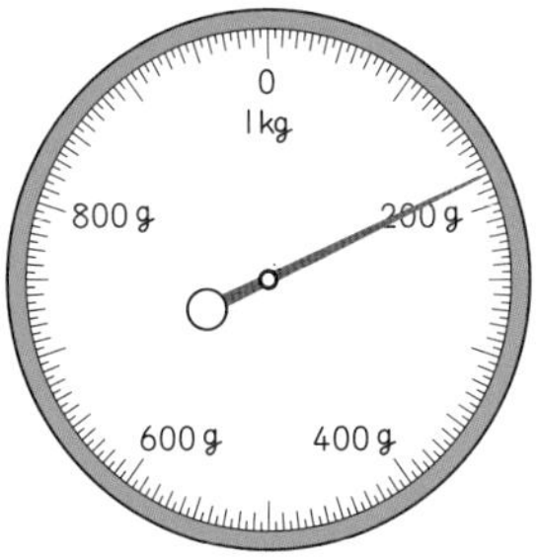

⑧ （ ）

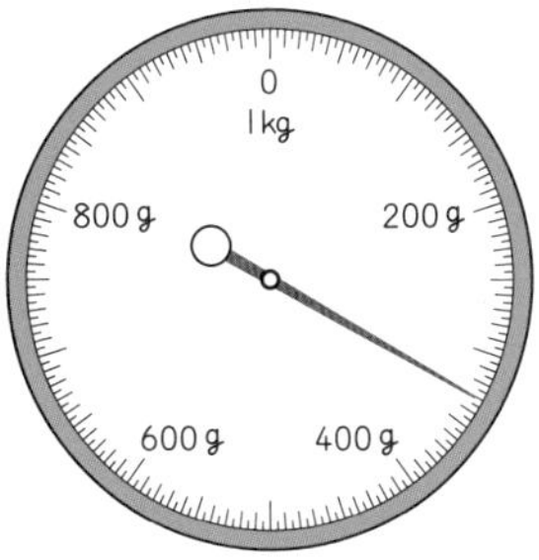

⑨ （ ）

## 2 はかりのはりがさしている重さをかきましょう。 〔1もん　5点〕

① ( 10g )

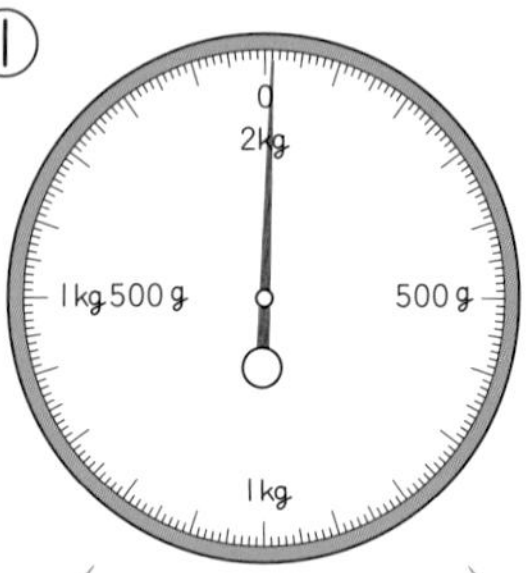

② (　　　)

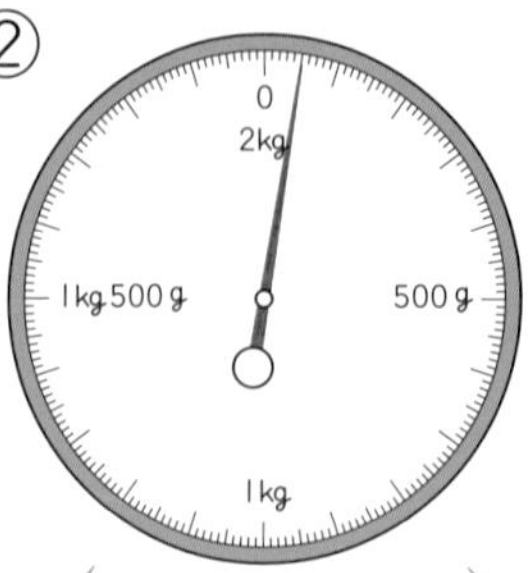

③ (　　　)

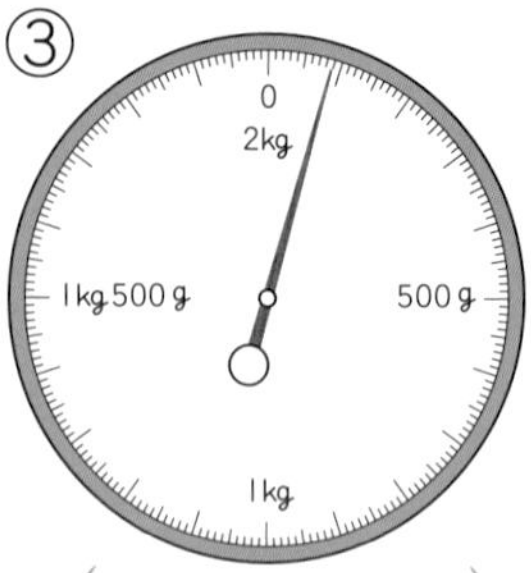

④ (　　　)

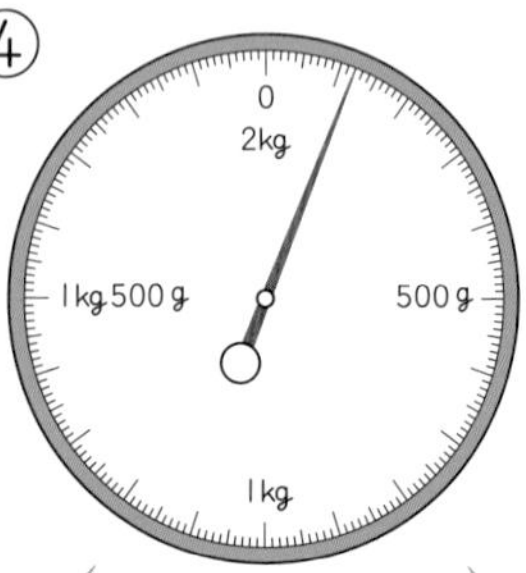

⑤ (　　　)

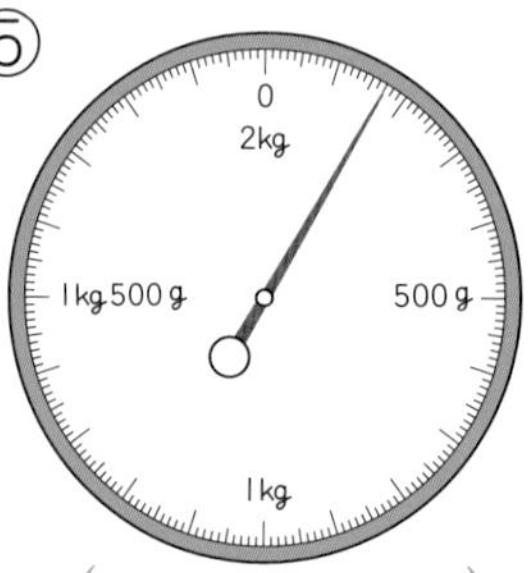

⑥ (　　　)

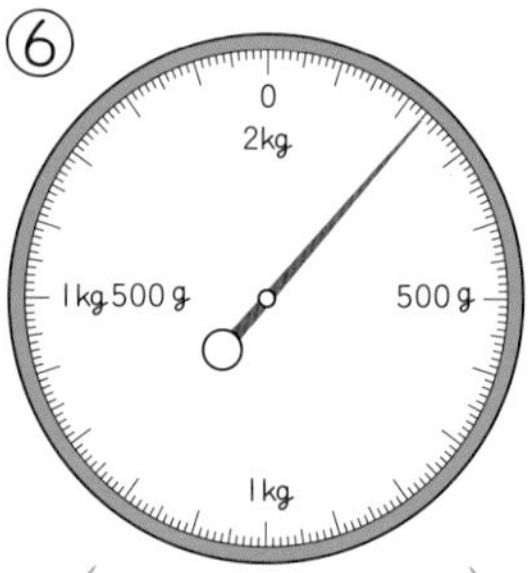

⑦ (　　　)

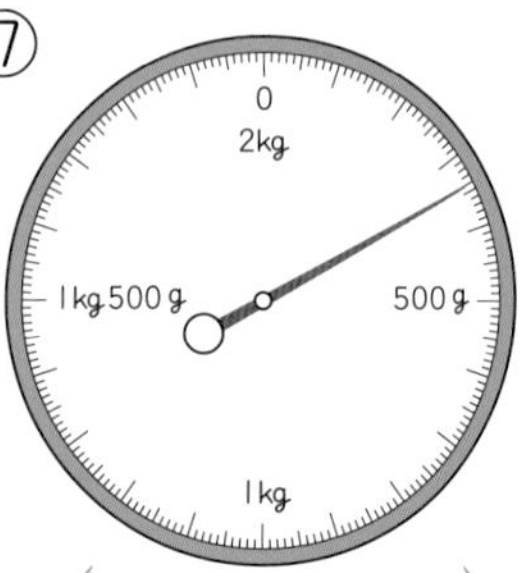

⑧ (　　　)

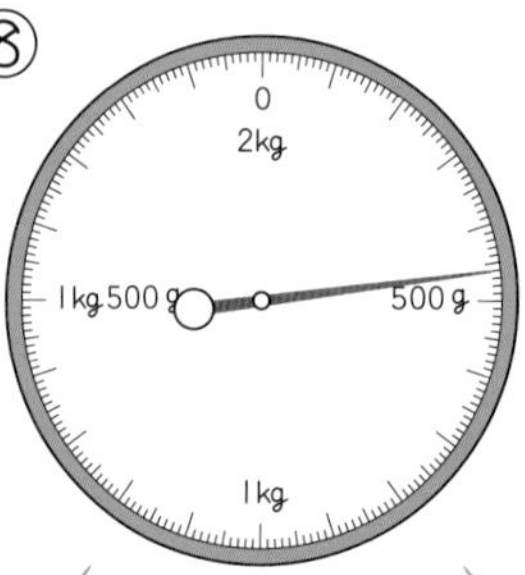

⑨ (　　　)

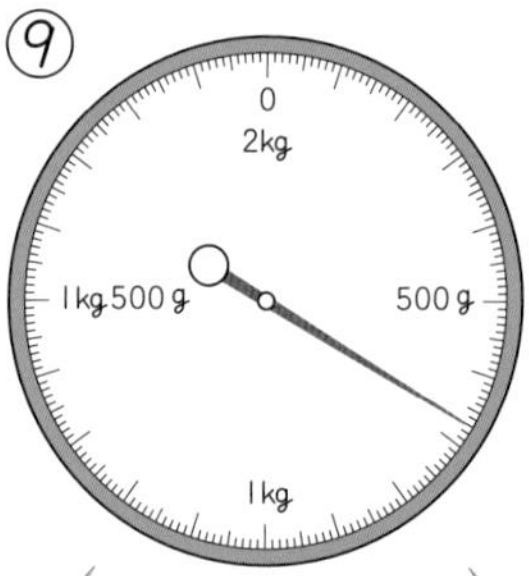

⑩ (　　　)

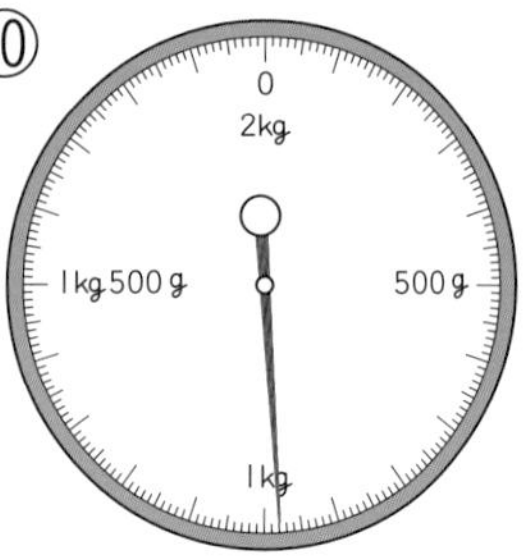

⑪ ( 1kg )

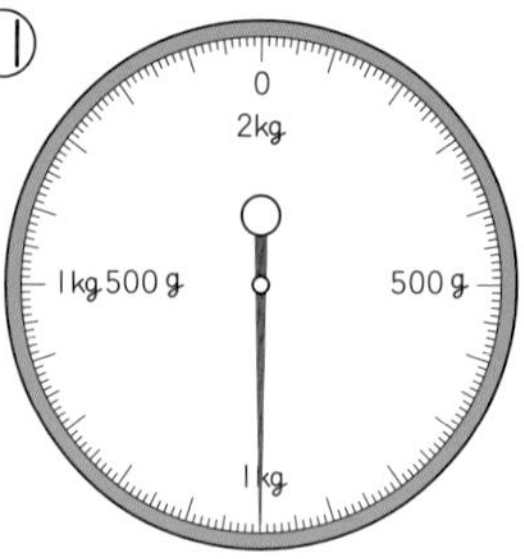

はかりの1目もりが何gを表しているか，よく見よう！

目もりをよく見て答えよう。

とく点　　点

# 重さ ②

月　日　名前

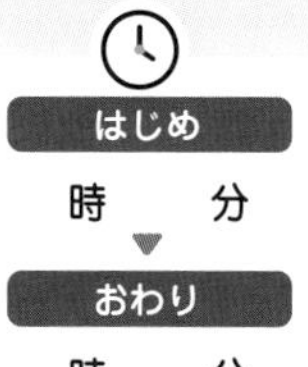

## おぼえておこう

1kg＝1000g

● 1000gを，1キログラムといい，1kgとかきます。

**1** □にあてはまる数をかきましょう。〔1もん　3点〕

① 1kg＝1000g
② 1kg50g＝□g
③ 1kg500g＝□g
④ 2kg＝□g
⑤ 2kg10g＝□g
⑥ 2kg100g＝□g
⑦ 2kg800g＝□g
⑧ 3kg＝□g
⑨ 3kg40g＝□g
⑩ 3kg400g＝□g
⑪ 1000g＝1kg
⑫ 1200g＝1kg200g
⑬ 1060g＝□kg□g
⑭ 2100g＝□kg□g
⑮ 2080g＝□kg□g
⑯ 2500g＝□kg□g
⑰ 3000g＝□kg
⑱ 3600g＝□kg□g
⑲ 4000g＝□kg
⑳ 4080g＝□kg□g

## 2 重(おも)いほうの(　)に○をつけましょう。〔1もん　3点〕

① [ 800g ( ) 600g ( ) ]

② [ 550g ( ) 505g ( ) ]

③ [ 1kg ( ) 900g ( ) ]

④ [ 1kg200g ( ) 1kg300g ( ) ]

⑤ [ 1kg100g ( ) 1kg90g ( ) ]

⑥ [ 1kg ( ) 1100g ( ) ]

⑦ [ 1kg500g ( ) 1400g ( ) ]

⑧ [ 2kg50g ( ) 2500g ( ) ]

⑨ [ 2080g ( ) 2kg10g ( ) ]

⑩ [ 4600g ( ) 4kg90g ( ) ]

## 3 重(おも)いじゅんに，(　)に1，2，3，4と番号(ばんごう)をかきましょう。〔1もん　5点〕

① [ 1kg ( ) 1010g ( ) 1kg100g ( ) 990g ( ) ]

② [ 3kg700g ( ) 4kg ( ) 3800g ( ) 3090g ( ) ]

gとkgのちがいはわかったかな。
まちがえたもんだいは，もういちどやり直してみよう。

とく点　　点

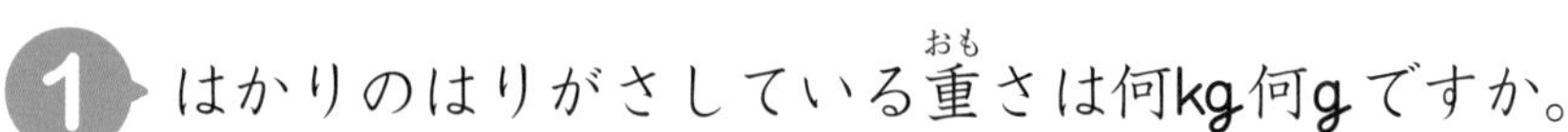

**1** はかりのはりがさしている重さは何kg何gですか。 〔1もん　8点〕

①

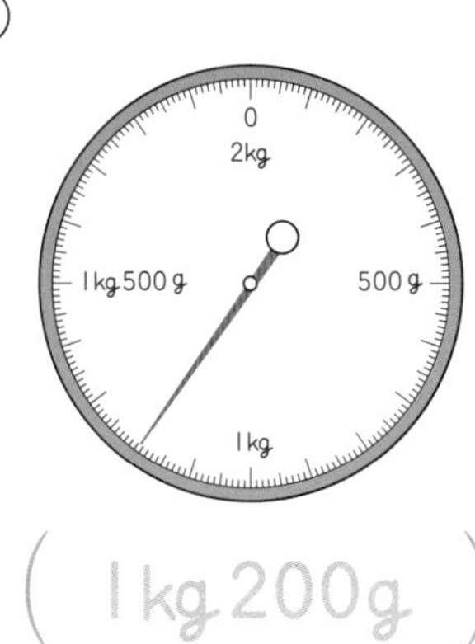


( 1kg200g )

②

( kg g )

③

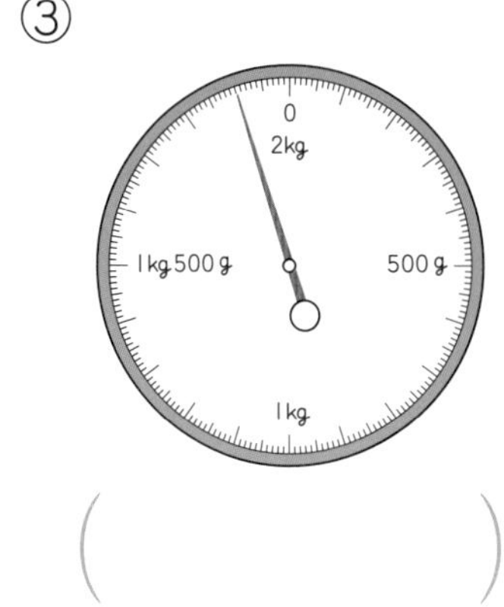


( )

④

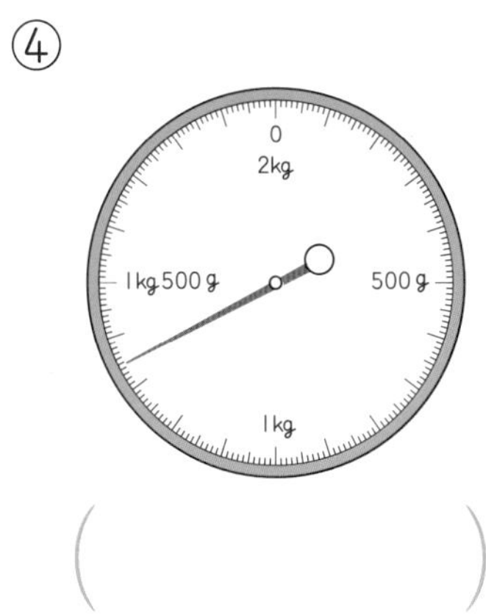


( )

⑤

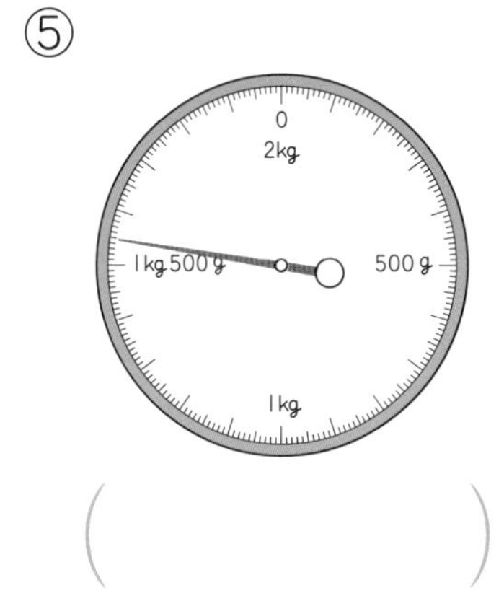


( )

⑥

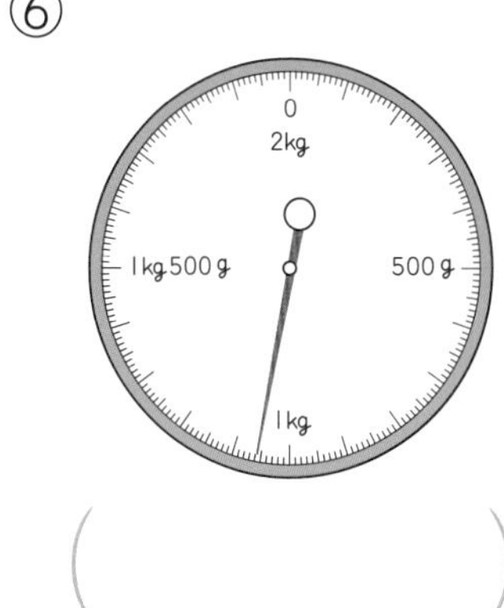


( )

⑦

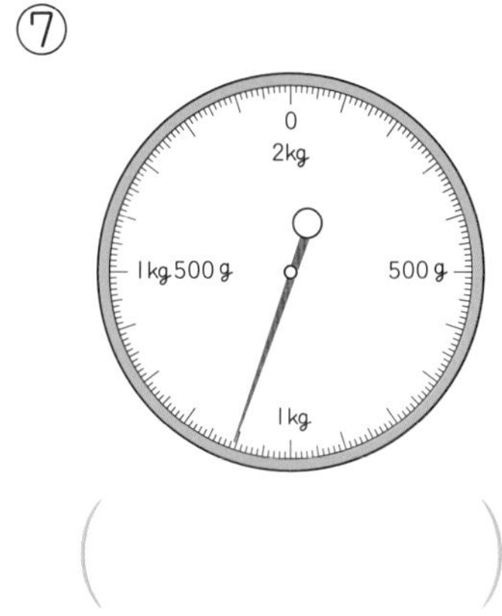


( )

⑧

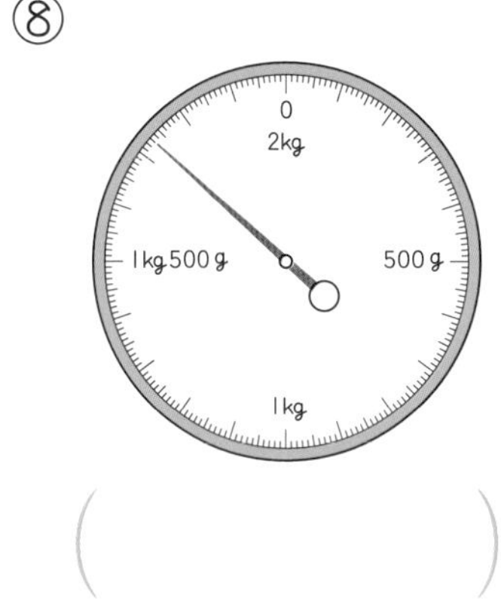


( )

## ❷ はかりのはりがさしている重(おも)さをかきましょう。 〔1もん　6点〕

①

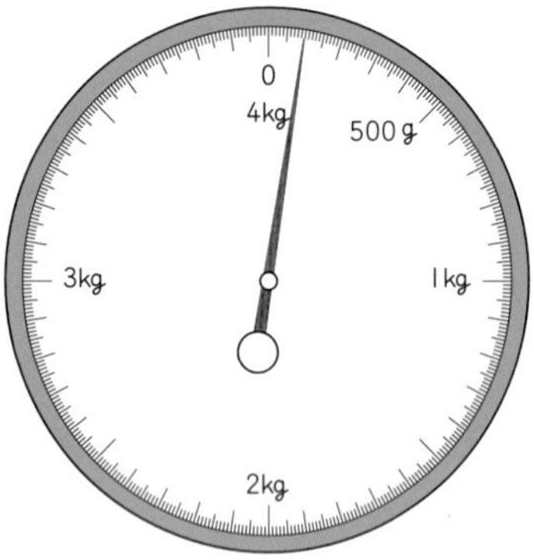

0
4kg
500g
1kg
2kg
3kg

（ 100 g ）

②

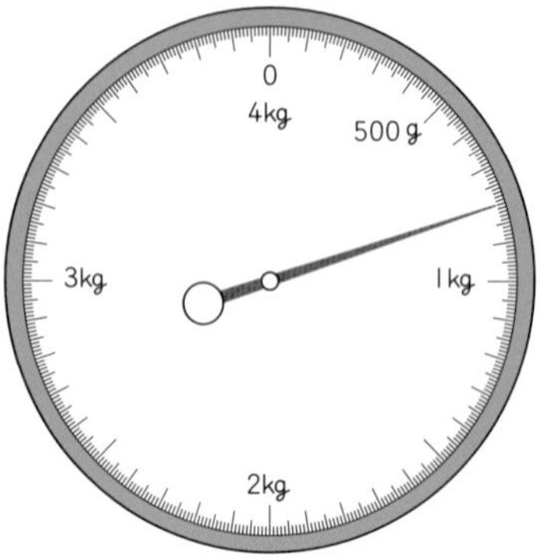

0
4kg
500g
1kg
2kg
3kg

（　　g ）

③

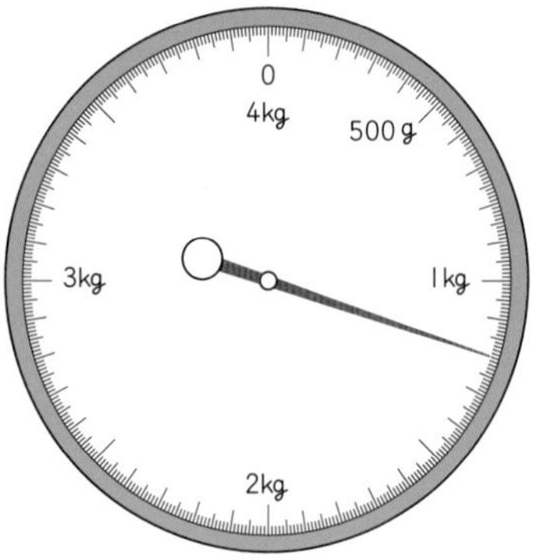

0
4kg
500g
1kg
2kg
3kg

（　　kg　　g ）

④

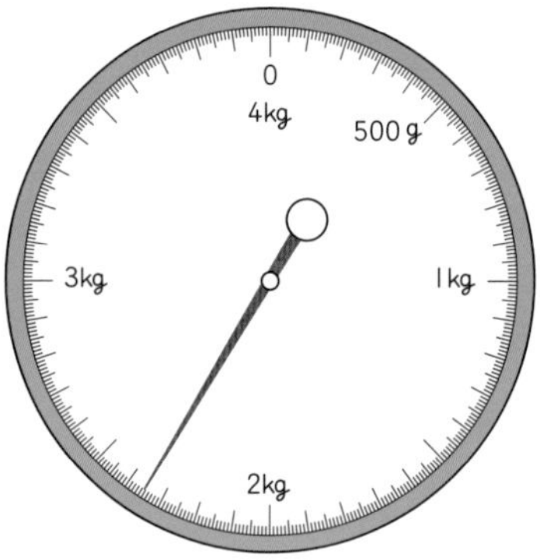

0
4kg
500g
1kg
2kg
3kg

（　　kg　　g ）

⑤

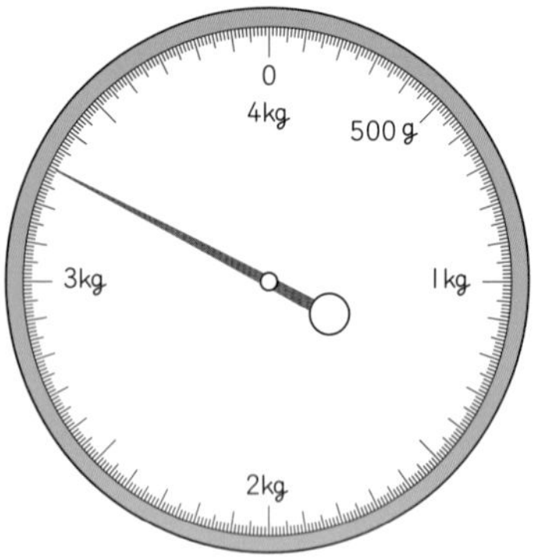

0
4kg
500g
1kg
2kg
3kg

（　　kg　　g ）

⑥

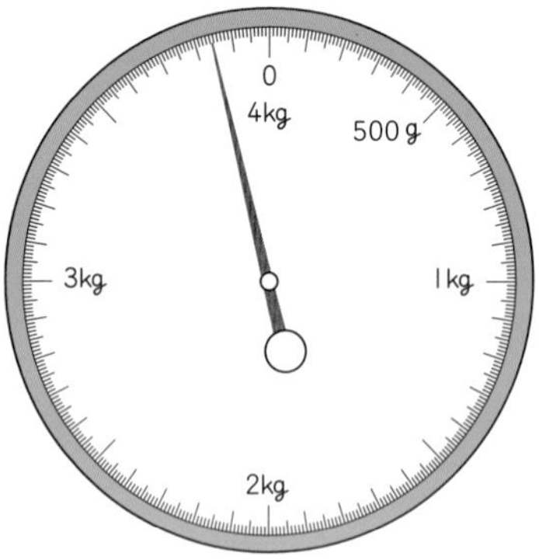

0
4kg
500g
1kg
2kg
3kg

（　　kg　　g ）

はかりの
1目もりが
何gを表(あらわ)し
ているか，
よく見よう。

はかりの目もりをよく見て答えよう。

とく点　　点

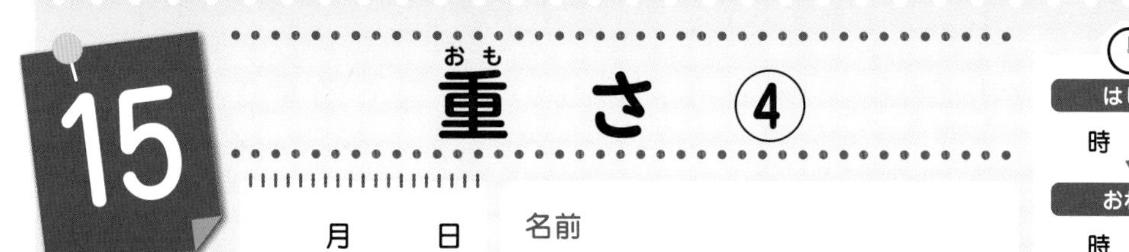


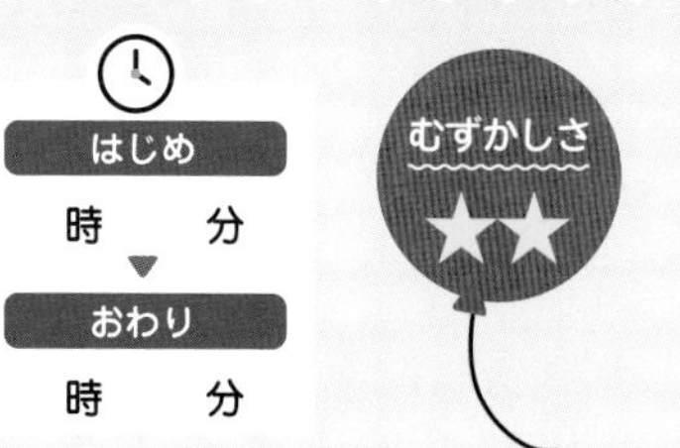


1 下の図は，体重計の目もりです。あ，い，う，えのはりがさしている重さを，それぞれ下の（ ）にかきましょう。 〔1もん 10点〕

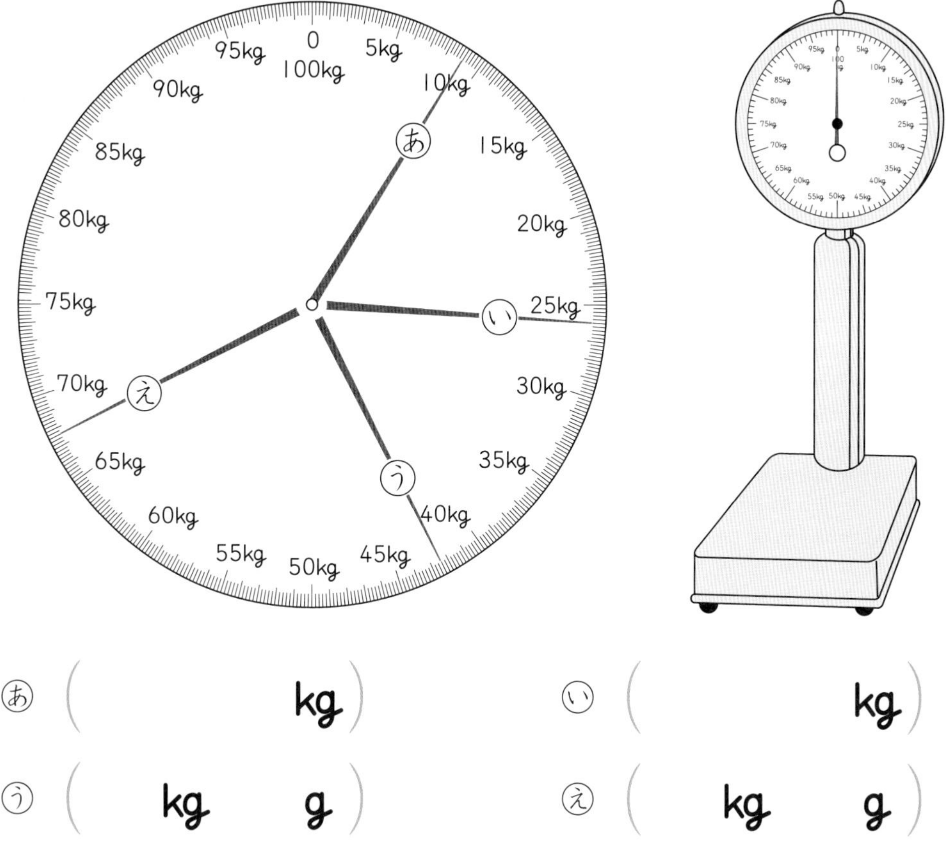


あ（ kg）　い（ kg）

う（ kg g）　え（ kg g）

2 下の体重計が表している重さをかきましょう。 〔1もん 6点〕

①

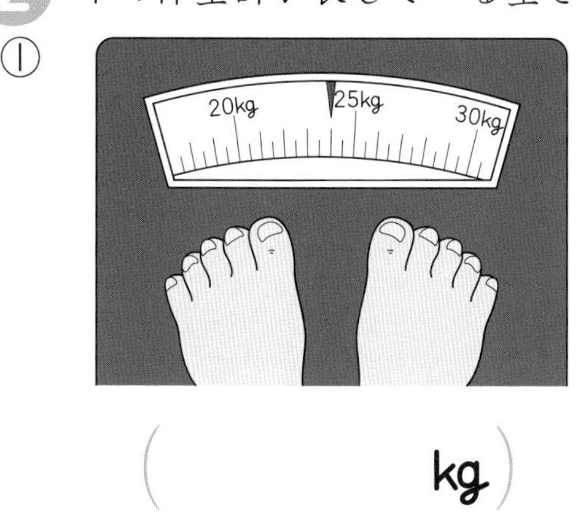


（ kg）

②

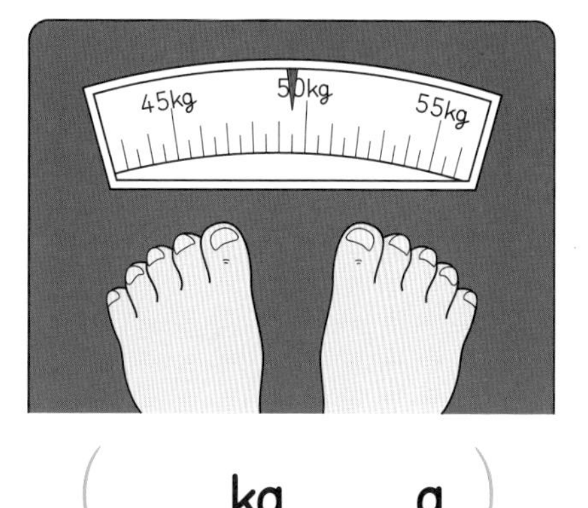


（ kg g）

**3** いろいろなばねばかりの目もりを見て，はりがさしている重(おも)さをかきましょう。　〔1もん　8点〕

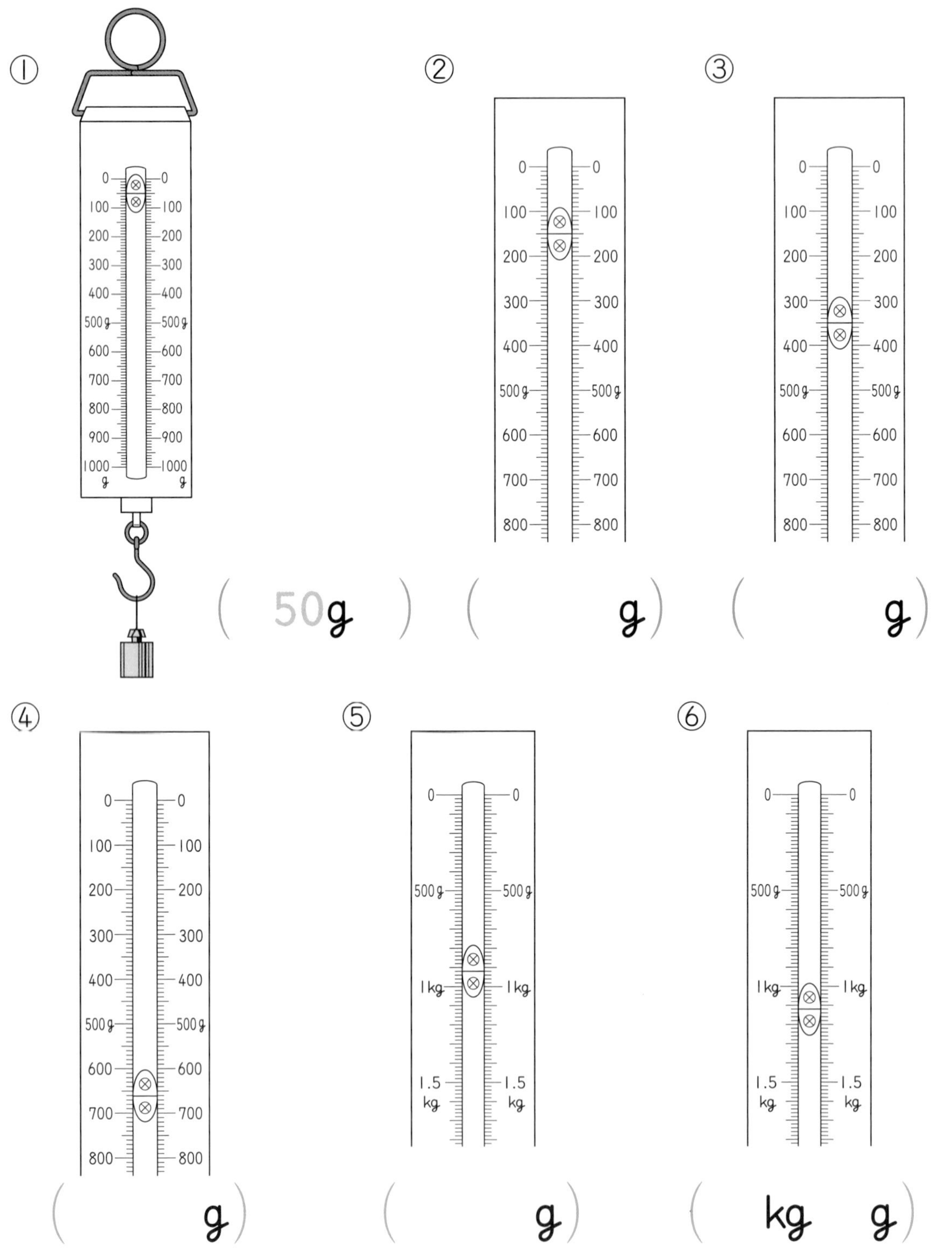




はかりの目もりをよく見て答えよう。

とく点　　点

# 重さ ⑤

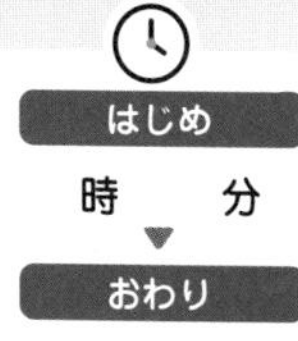

月　日　名前

## おぼえておこう

1 t ＝ 1000kg

● 1000kgを，1トンといい，1tとかきます。

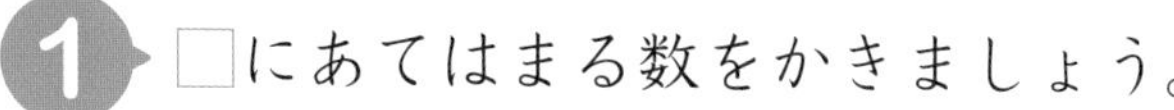

**1** □にあてはまる数をかきましょう。〔1もん　2点〕

① 1 t ＝ [1000] kg

② 1 t800kg ＝ [　] kg

③ 1 t20kg ＝ [　] kg

④ 2 t ＝ [　] kg

⑤ 2 t300kg ＝ [　] kg

⑥ 3 t ＝ [　] kg

⑦ 3 t700kg ＝ [　] kg

⑧ 4 t200kg ＝ [　] kg

⑨ 4 t90kg ＝ [　] kg

⑩ 3 t850kg ＝ [　] kg

⑪ 1000kg ＝ [1] t

⑫ 1700kg ＝ [1] t [700] kg

⑬ 1040kg ＝ [　] t [　] kg

⑭ 2500kg ＝ [　] t [　] kg

⑮ 2010kg ＝ [　] t [　] kg

⑯ 3000kg ＝ [　] t

⑰ 3050kg ＝ [　] t [　] kg

⑱ 4800kg ＝ [　] t [　] kg

⑲ 5000kg ＝ [　] t

⑳ 5200kg ＝ [　] t [　] kg

## 2 □にあてはまる数をかきましょう。 〔1もん　3点〕

| 1kg＝1000g | 1t＝1000kg |
|---|---|

1g —1000倍(ばい)→ 1kg —1000倍(ばい)→ 1t

① 1kg ＝ □ g

② 1000g ＝ □ kg

③ 1t ＝ □ kg

④ 1000kg ＝ □ t

⑤ 2700kg ＝ □ t □ kg

⑥ 1200g ＝ □ kg □ g

⑦ 3t500kg ＝ □ kg

⑧ 7kg200g ＝ □ g

⑨ 5800g ＝ □ kg □ g

⑩ 2030kg ＝ □ t □ kg

## 3 重(おも)いほうの(　)に○をつけましょう。 〔1もん　3点〕

① 〔 300kg (　) 500kg (　) 〕

② 〔 750kg (　) 705kg (　) 〕

③ 〔 1t (　) 900kg (　) 〕

④ 〔 1t50kg (　) 1t20kg (　) 〕

⑤ 〔 1t200kg (　) 1t150kg (　) 〕

⑥ 〔 1t50kg (　) 1500kg (　) 〕

⑦ 〔 2300kg (　) 2t100kg (　) 〕

⑧ 〔 3t700kg (　) 3900kg (　) 〕

⑨ 〔 4t10kg (　) 4050kg (　) 〕

⑩ 〔 2400kg (　) 2t30kg (　) 〕



1km，1kgの「k」は，1000倍(ばい)を表(あらわ)しているんだね。
まちがえたもんだいは，もういちどやり直してみよう。

とく点　　点

# 17 たんいのかんけい

はじめ　時　分
おわり　時　分

月　日　名前

**1** 長さのたんいの間のかんけいを，表(ひょう)にまとめます。（　）にあてはまる数をかきましょう。

〔（　）1つ　3点〕

| 長さ | 1mm | 1cm | (10cm) | 1m | (10m) | (100m) | 1km |
|---|---|---|---|---|---|---|---|
| たんいのかんけい | 1mm→1cm：10倍(ばい)<br>1mm→1m：（　）倍(ばい) | | 1cm→1m：（　）倍(ばい) | | 1m→1km：（　）倍(ばい) | | |

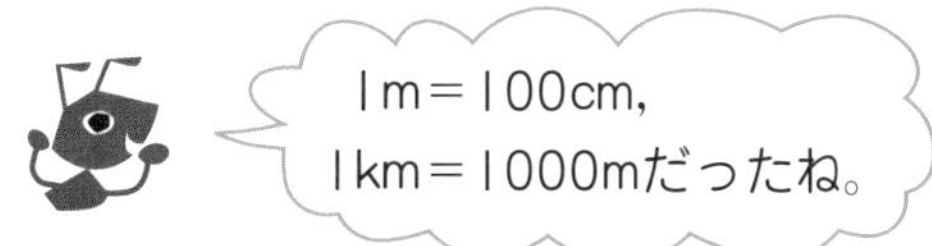


**2** かさのたんいの間のかんけいを，表(ひょう)にまとめます。（　）にあてはまる数をかきましょう。

〔（　）1つ　3点〕

| かさ | 1mL | (10mL) | 1dL | 1L |
|---|---|---|---|---|
| たんいのかんけい | 1mL→1dL：（　）倍(ばい)<br>1mL→1L：（　）倍(ばい) | | 1dL→1L：（　）倍(ばい) | |

**3** 重(おも)さのたんいの間のかんけいを，表(ひょう)にまとめます。（　）にあてはまる数をかきましょう。

〔（　）1つ　3点〕

| 重(おも)さ | 1g | 1kg | 1t |
|---|---|---|---|
| たんいのかんけい | 1g→1kg：（　）倍(ばい) | 1kg→1t：（　）倍(ばい) | |

## 4 □にあてはまる数やたんいをかきましょう。 〔1もん 4点〕

① 1kmは，1mの □ 倍(ばい)の長さです。

② 1mmの1000倍(ばい)の長さは，1 □ です。

③ 1Lは，1mLの □ 倍(ばい)のかさです。

④ 1gの1000倍(ばい)の重(おも)さは，1 □ です。

## 5 □にあてはまる数をかきましょう。 〔1もん 3点〕

① 3cm ＝ □ mm

② 5m ＝ □ cm

③ 8m ＝ □ mm

④ 6km ＝ □ m

⑤ 4L ＝ □ dL

⑥ 2dL ＝ □ mL

⑦ 7L ＝ □ mL

⑧ 9kg ＝ □ g

⑨ 15kg ＝ □ g

⑩ 4t ＝ □ kg

⑪ 20mm ＝ □ cm

⑫ 700cm ＝ □ m

⑬ 4000mm ＝ □ m

⑭ 9000m ＝ □ km

⑮ 30dL ＝ □ L

⑯ 800mL ＝ □ dL

⑰ 6000mL ＝ □ L

⑱ 3000g ＝ □ kg

⑲ 8000kg ＝ □ t

⑳ 12000kg ＝ □ t



たんいのかんけいを，せいりしておぼえておこう。

とく点 　点

**1** 同じ大きさに2つに分けた1つ分を，**二分の一**といい，$\frac{1}{2}$とかきます。

〈れい〉のようにして，つぎの図の$\frac{1}{2}$に色をぬりましょう。 〔1もん 3点〕

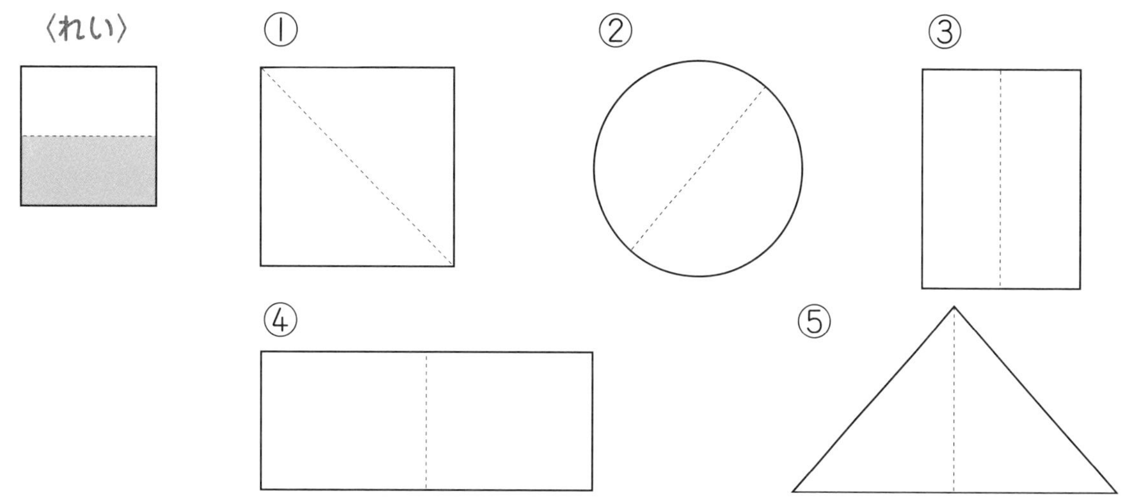


**2** つぎの図の▭の部分は，もとの大きさの何分の一ですか。（ ）にかきましょう。 〔1もん 5点〕

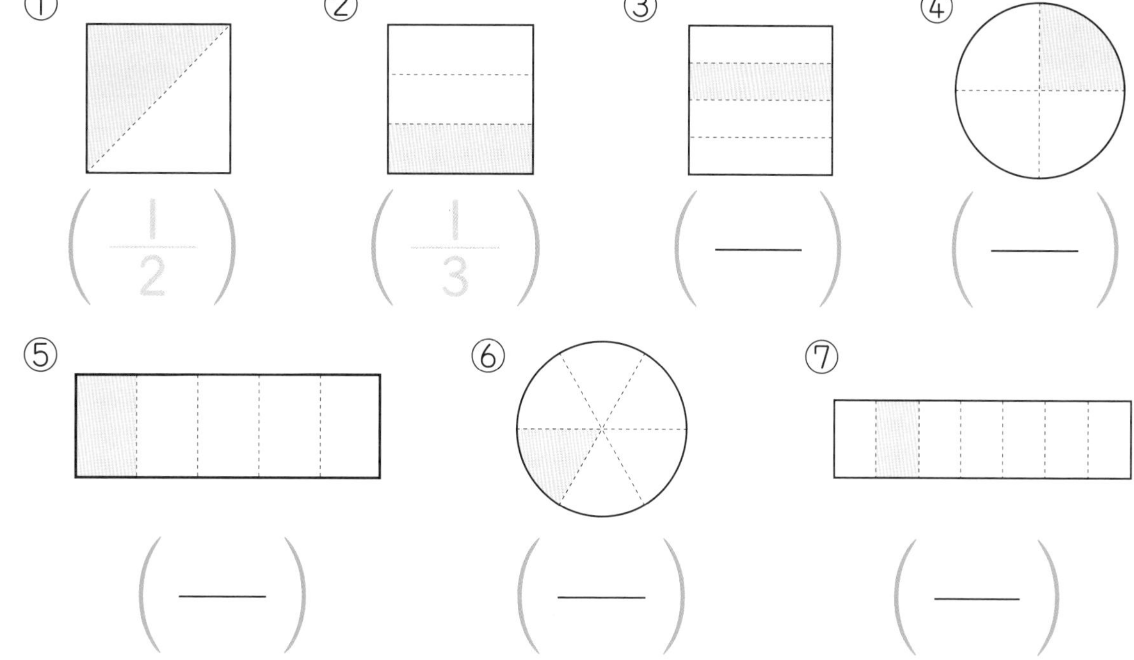

**3** 1mのテープを同じ長さに分けています。▭の部分(ぶぶん)の長さは，何分の何mですか。

〔1もん　4点〕

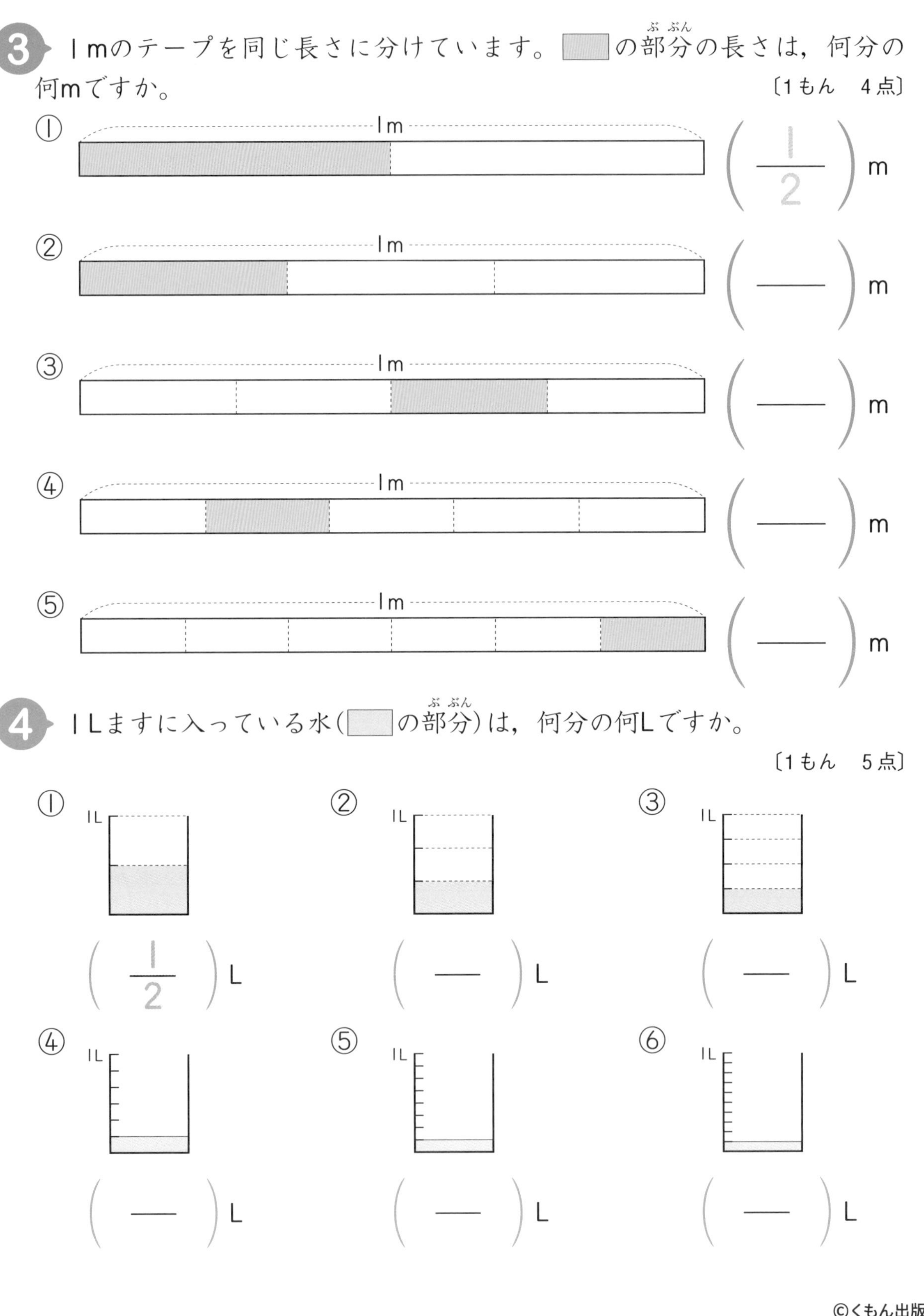


**4** 1Lますに入っている水(▭の部分(ぶぶん))は，何分の何Lですか。

〔1もん　5点〕





答えをかきおわったら見直しをして，まちがいを少なくしよう。

とく点　　点

# 分　数　②

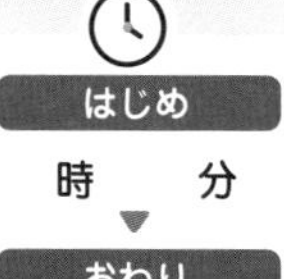

月　　日　　名前

## おぼえておこう

- 1mを同じ長さに5つに分けた2つ分の長さを$\frac{2}{5}$m（五分（ぶん）の二メートル）と表（あらわ）します。
- $\frac{1}{2}$や$\frac{2}{5}$のような数を，**分数（ぶんすう）**といいます。
- 分数の線の下の数を**分母（ぶんぼ）**，線の上の数を**分子（ぶんし）**といいます。

1m

$\frac{2}{5}$m

$\frac{2}{5}$……分子（ぶんし）
……分母（ぶんぼ）

**1** つぎの大きさを分数で表（あらわ）し，（　）の中にかきましょう。　〔1もん　5点〕

① 1つのものを同じ大きさに5つに分けた3つ分

（$\frac{3}{5}$）

② 1つのものを同じ大きさに5つに分けた4つ分

（$\frac{4}{5}$）

③ 1つのものを同じ大きさに6つに分けた5つ分

（$\frac{\phantom{0}}{6}$）

④ 1つのものを同じ大きさに7つに分けた2つ分

（$\frac{\phantom{0}}{\phantom{0}}$）

⑤ 1つのものを同じ大きさに7つに分けた4つ分

（$\frac{\phantom{0}}{\phantom{0}}$）

⑥ 分母が6で，分子が3の分数

（$\frac{\phantom{0}}{\phantom{0}}$）

⑦ 分母が8で，分子が5の分数

（$\frac{\phantom{0}}{\phantom{0}}$）

⑧ 分母が9で，分子が2の分数

（$\frac{\phantom{0}}{\phantom{0}}$）

**2** の部分(ぶぶん)の大きさを，(　)に分数で表(あらわ)しましょう。　〔1もん　4点〕

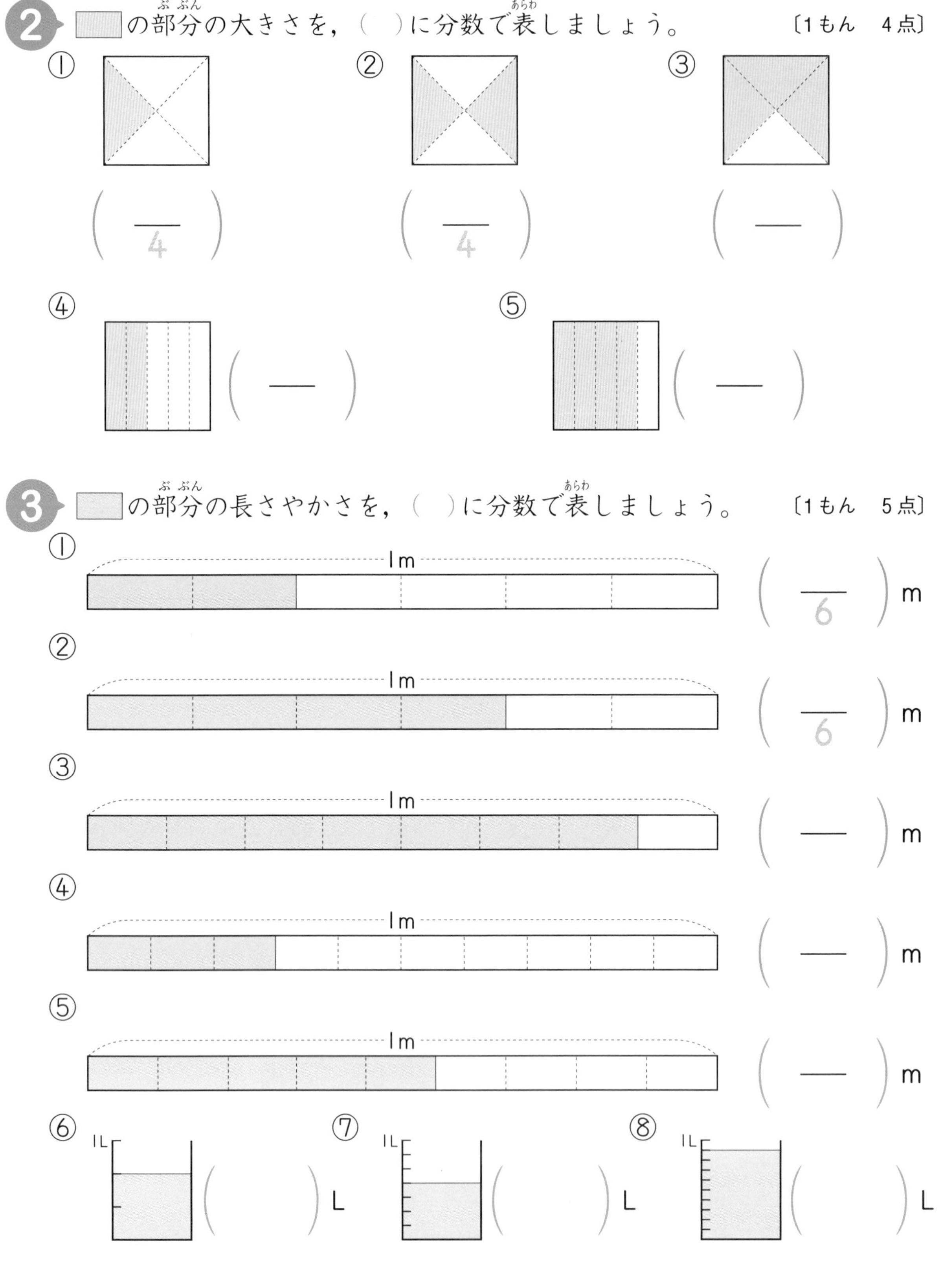


**3** の部分(ぶぶん)の長さやかさを，(　)に分数で表(あらわ)しましょう。　〔1もん　5点〕





まちがえたもんだいは，もういちどやり直してみよう。

とく点　　点

# 分数 ③

はじめ 時 分
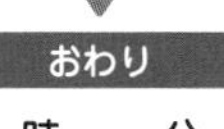
おわり 時 分

月 日 名前

**1** 下の図を見て，□にあてはまる数をかきましょう。 〔1もん 5点〕

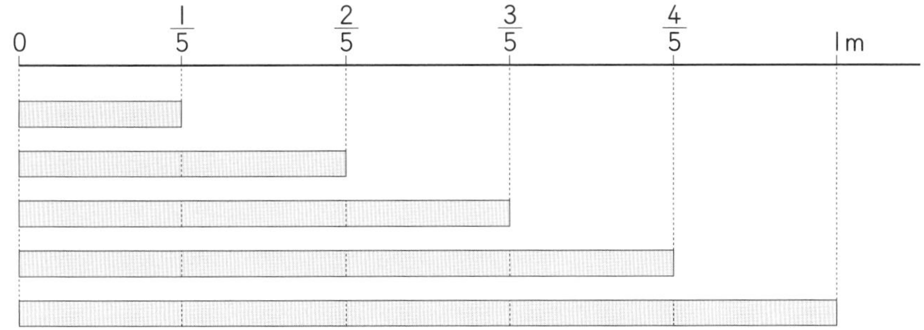


① $\frac{1}{5}$mの2つ分の長さは，  mです。

② $\frac{1}{5}$mの3つ分の長さは，□mです。

③ □mの4つ分の長さは，$\frac{4}{5}$mです。

④ $\frac{3}{5}$mは，□mの3つ分の長さです。

⑤ $\frac{4}{5}$mは，$\frac{1}{5}$mの□つ分の長さです。

⑥ $\frac{1}{5}$mの□つ分の長さは，$\frac{5}{5}$mです。

⑦ $\frac{5}{5}$mは，□mと同じ長さです。

⑧ 1mは，□mが5つあつまった長さです。

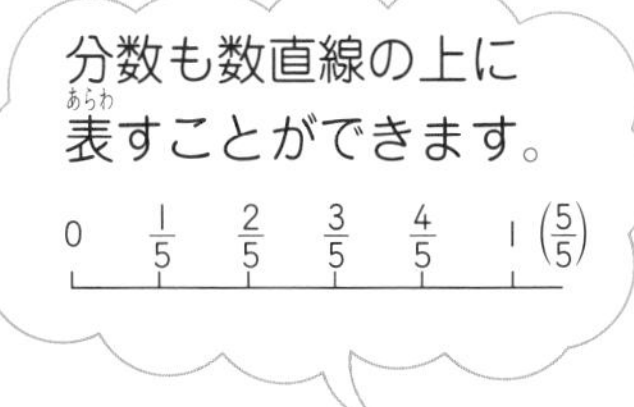

**2** 下の数直線で，↓が表す（あらわ）分数を□の中にかきましょう。〔□1つ　5点〕

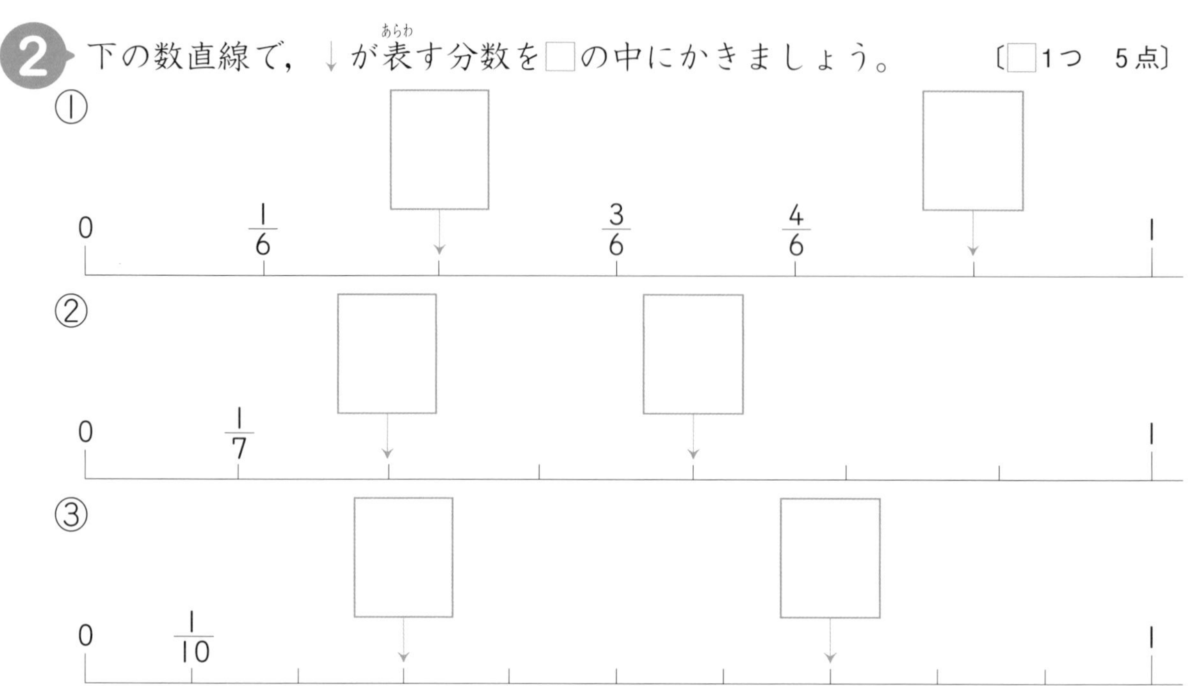


**3** 上の数直線を見て，答えましょう。〔1もん　5点〕

① $\frac{1}{6}$mの4つ分の長さは，何分の何mですか。　(　　　　)m

② $\frac{1}{6}$mの6つ分の長さは，何分の何mですか。または，何mですか。

(　$\frac{\quad}{6}$　)m，または(　1　)m

③ $\frac{1}{7}$Lの6つ分のかさは，何分の何Lですか。　(　　　　)L

④ 1Lは，$\frac{1}{7}$Lがいくつ分ですか。　(　　　　)つ分

⑤ $\frac{6}{10}$Lは，$\frac{1}{10}$Lがいくつ分ですか。　(　　　　)つ分

⑥ $\frac{1}{10}$Lが10あつまると，何分の何Lですか。または，何Lですか。

(　$\frac{\quad}{10}$　)L，または(　　　　)L



まちがえたもんだいはやり直して，どこでまちがえたのか，よくたしかめておこう。

とく点　　点

# 分数④

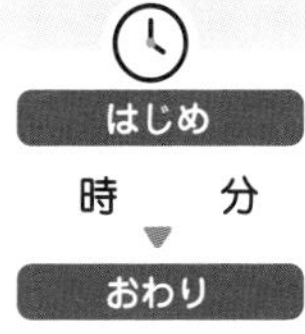

月　日　名前

**1** 下の数直線を見て，答えましょう。〔1もん　4点〕

0　$\frac{1}{10}$　$\frac{2}{10}$　$\frac{3}{10}$　$\frac{4}{10}$　$\frac{5}{10}$　$\frac{6}{10}$　$\frac{7}{10}$　$\frac{8}{10}$　$\frac{9}{10}$　1

① $\frac{4}{10}$は，$\frac{1}{10}$がいくつあつまった大きさですか。（　　）つ

② $\frac{5}{10}$は，$\frac{1}{10}$がいくつあつまった大きさですか。（　　）つ

③ $\frac{4}{10}$と$\frac{5}{10}$では，どちらが大きいですか。（　　）

④ $\frac{1}{10}$がいくつあつまると，1になりますか。（　　）

⑤ $\frac{1}{10}$が9つあつまると，どんな分数になりますか。（　　）

⑥ 1と$\frac{9}{10}$では，どちらが大きいですか。（　　）

**2** □にあてはまる数をかきましょう。〔1もん　4点〕

① $\frac{2}{9}$は，$\frac{1}{9}$の□つ分です。

② $\frac{3}{9}$は，$\frac{1}{9}$の□つ分です。

③ □の4つ分は，$\frac{4}{9}$です。

④ □の7つ分は，$\frac{7}{9}$です。

⑤ $\frac{1}{9}$の9つ分は，□です。

⑥ $\frac{9}{9}$は，□と同じ大きさです。

**3** 左と右の数の大きさをくらべて，□にあてはまる等号（＝）か不等号（＞，＜）をかきましょう。

〔1もん　3点〕

① $\frac{2}{9}$ □ $\frac{1}{9}$　　② $\frac{7}{9}$ □ $\frac{8}{9}$

③ $\frac{9}{9}$ □ $\frac{6}{9}$　　④ $\frac{9}{9}$ □ 1

⑤ $\frac{3}{8}$ □ $\frac{5}{8}$　　⑥ $\frac{6}{8}$ □ $\frac{4}{8}$

⑦ 1 □ $\frac{7}{8}$　　⑧ $\frac{7}{7}$ □ 1

⑨ $\frac{5}{7}$ □ $\frac{6}{7}$　　⑩ 1 □ $\frac{1}{6}$

⑪ $\frac{6}{6}$ □ 1　　⑫ $\frac{4}{4}$ □ 1

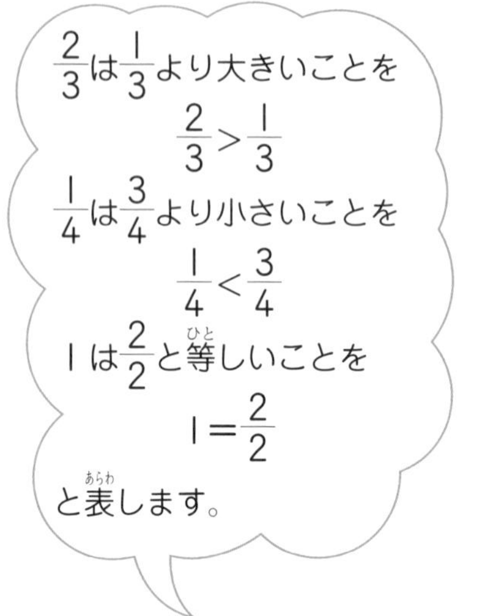


**4** つぎの2つの長さやかさをくらべて，大きいほうを□に分数でかきましょう。

〔1もん　4点〕

① $\frac{1}{4}$mの3つ分の長さ / $\frac{1}{4}$mの2つ分の長さ → $\frac{3}{4}$m

② $\frac{1}{5}$dLの3つ分のかさ / $\frac{1}{5}$dLの4つ分のかさ → □

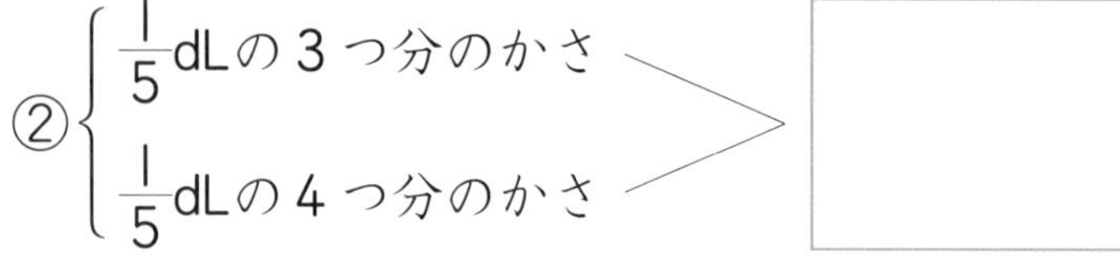

③ $\frac{1}{7}$Lの7つ分のかさ / $\frac{1}{7}$Lの5つ分のかさ → □

④ $\frac{1}{8}$Lの5つ分のかさ / $\frac{1}{8}$Lの6つ分のかさ → □



分数の大きさのかんけいを，かくにんしておこう。

とく点　　点

# 小 数 ①

月　日　名前

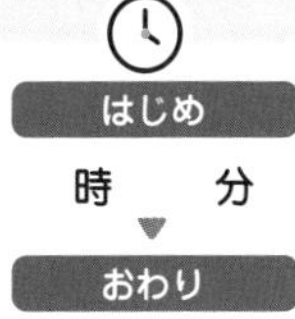

はじめ　時　分
おわり　時　分

## おぼえておこう

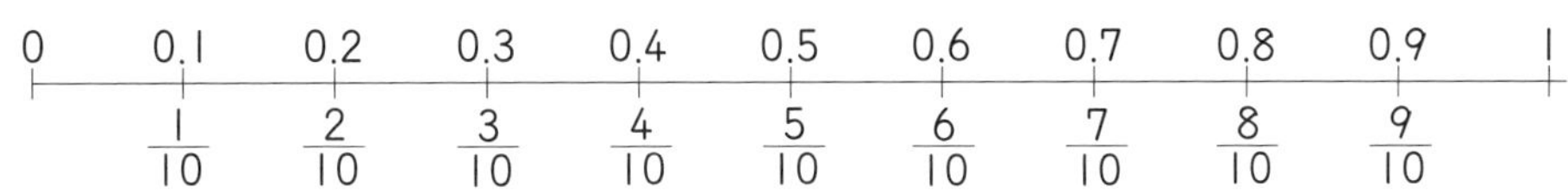


$\frac{1}{10}$　$\frac{2}{10}$　$\frac{3}{10}$　$\frac{4}{10}$　$\frac{5}{10}$　$\frac{6}{10}$　$\frac{7}{10}$　$\frac{8}{10}$　$\frac{9}{10}$

- $\frac{1}{10}$を，0.1（れい点一）とも表（あらわ）します。
- $\frac{2}{10}$を，0.2（れい点二）とも表（あらわ）します。
- 0.1や0.2のような数を，**小数**（しょうすう）といいます。

**1** つぎの□にあてはまる小数をかきましょう。　〔1もん　3点〕

① $\frac{3}{10}=$ 0.3　　② $\frac{4}{10}=$ □

③ $\frac{5}{10}=$ □　　④ $\frac{6}{10}=$ □

⑤ $\frac{7}{10}=$ □　　⑥ $\frac{8}{10}=$ □

⑦ $\frac{9}{10}=$ □　　⑧ $\frac{2}{10}=$ □

⑨ $\frac{1}{10}$dL = □ dL　　⑩ $\frac{2}{10}$dL = □ dL

⑪ $\frac{9}{10}$dL = □ dL　　⑫ $\frac{5}{10}$dL = □ dL

⑬ $\frac{7}{10}$dL = □ dL　　⑭ $\frac{6}{10}$dL = □ dL

⑮ $\frac{4}{10}$dL = □ dL　　⑯ $\frac{8}{10}$dL = □ dL

**2** つぎの水のかさを，（　）の中に小数で表しましょう。　〔1もん　4点〕

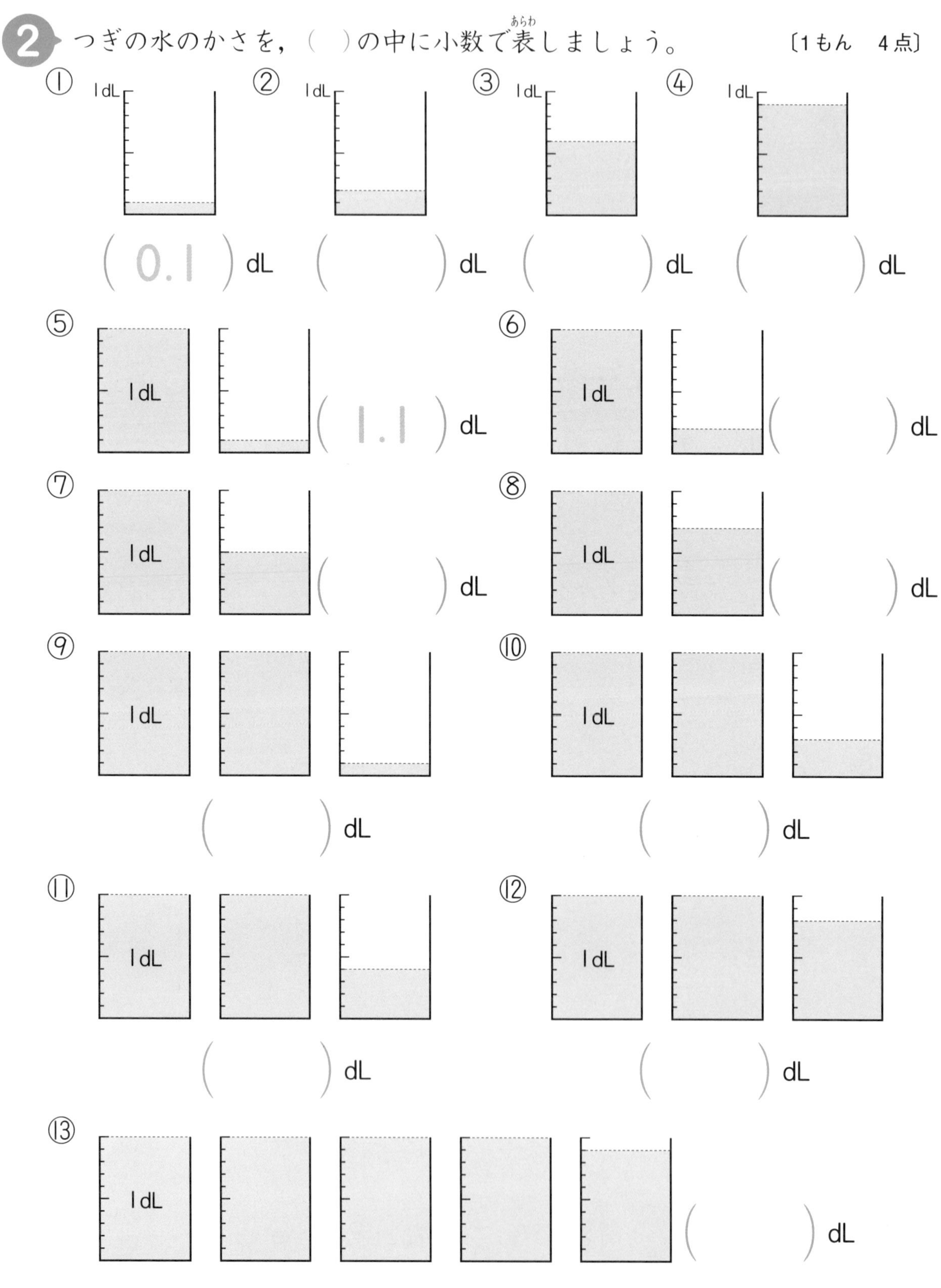




まちがえたもんだいは，もういちどやり直してみよう。

とく点　　点

# 小数 ②

月　日　名前

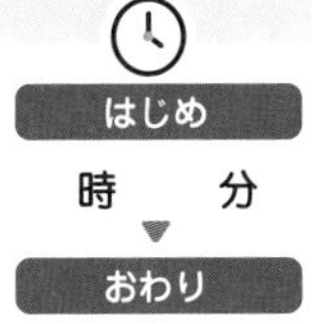

**おぼえておこう**

- 0，1，2，3のような数を**整数**（せいすう）といいます。
- 0.1，0.5，2.3のような数を**小数**（しょうすう）といい，「•」を，小数点といいます。
- 小数点の右の位（くらい）を$\frac{1}{10}$**の位**（くらい），または**小数第1位**（だい い）といいます。

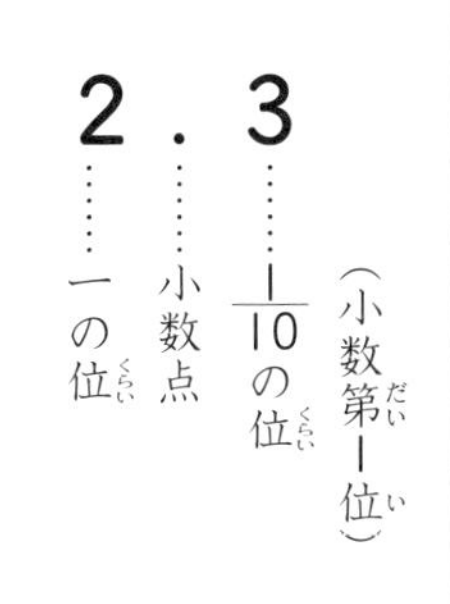


**1** つぎの8つの数を，整数（せいすう），分数，小数に分けてかきましょう。〔1もん　8点〕

| 2.6 | 26 | 0 | 0.5 | $\frac{1}{2}$ | $\frac{4}{10}$ | 1.9 | 9 |
|---|---|---|---|---|---|---|---|

① 整数（せいすう）（　　　　　）　② 分数（　　　　　）

③ 小数（　　　　　）

**2** □にあてはまる数をかきましょう。〔□1つ　3点〕

① 3.6の一の位（くらい）の数字は □ で，$\frac{1}{10}$の位（くらい）の数字は □ です。

② 4.5の一の位（くらい）の数字は □ で，$\frac{1}{10}$の位（くらい）の数字は □ です。

③ 18.7の$\frac{1}{10}$の位（くらい）の数字は □ です。

④ 一の位（くらい）が6で，$\frac{1}{10}$の位（くらい）が2の小数は，□ です。

⑤ 一の位（くらい）が9で，$\frac{1}{10}$の位（くらい）が7の小数は，□ です。

**3** 下の数直線を見て，□にあてはまる数をかきましょう。　〔1もん　5点〕

0　1.5　1　2
0.1　0.1　1

① 1を1つと，0.1を5つあわせた数は □ です。

② 1は，0.1を □ あつめた数です。

③ 1.5は，0.1を □ あつめた数です。

**4** □にあてはまる数をかきましょう。　〔1もん　5点〕

① 1.9は，1とあと0.1を □ つあわせた数です。

② 1.9は，0.1を □ あつめた数です。

③ 2.1は，2とあと0.1を □ つあわせた数です。

④ 2.1は，0.1を □ あつめた数です。

⑤ 2と，0.1を7つあわせた数は，□ です。

⑥ 0.1を27あつめた数は，□ です。

⑦ 3と，0.1を4つあわせた数は，□ です。

⑧ 0.1を58あつめた数は，□ です。

まちがえたもんだいはやり直して，どこでまちがえたのか，よくたしかめておこう。

点

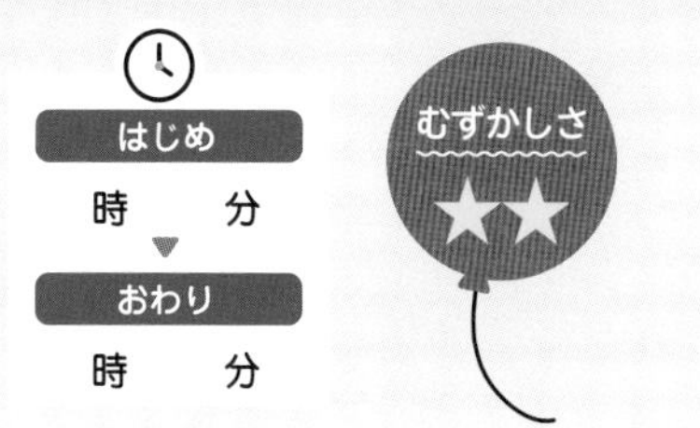


**1** 下の数直線の，↓の目もりにあてはまる小数をかきましょう。

〔□1つ　2点〕

①

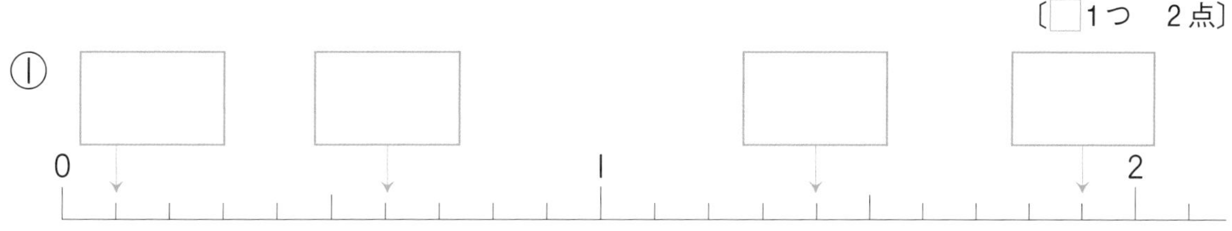


②

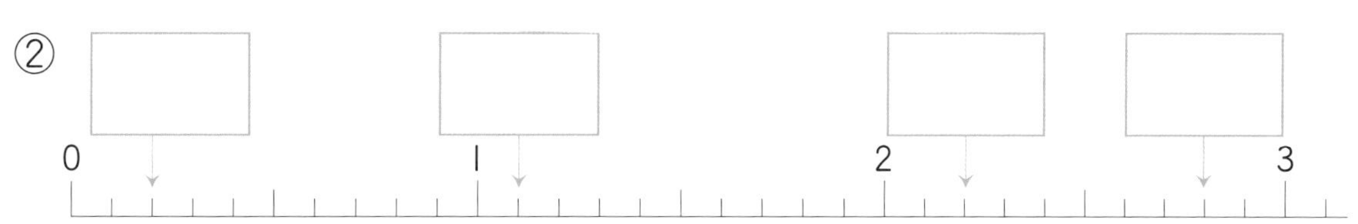


③

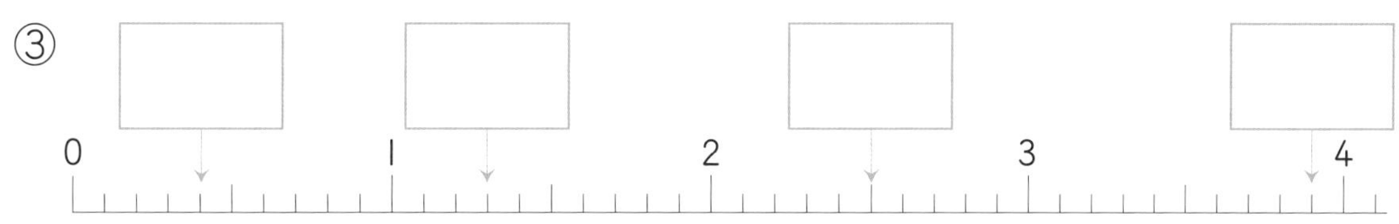


④

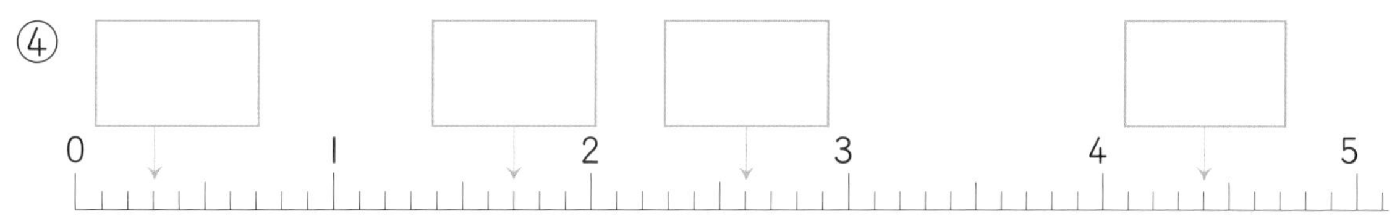


**2** つぎの㋐，㋑，㋒，㋓の数を下の数直線に，↓で表（あらわ）しましょう。

〔1もん　4点〕

㋐ 0.7　　㋑ 1.8　　㋒ 2.4　　㋓ 3.1

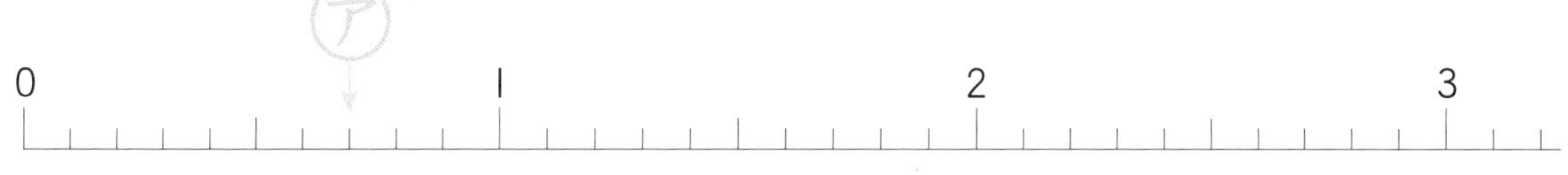

**3** 下の数直線を見て，□にあてはまる不等号（>，<）をかきましょう。

〔1もん　4点〕

0　　1　　2　　3

① 0.7 □ 0.4　　② 0.9 □ 1.1

③ 1.6 □ 2.6　　④ 2.2 □ 1.8

⑤ 1.9 □ 2.7　　⑥ 3.1 □ 2.9

⑦ 2.1 □ 1.2　　⑧ 1.3 □ 3.1

**4** □に不等号（>，<）をかいて，数の大小を表しましょう。〔1もん　2点〕

① 1 □ 1.1　　② 4.3 □ 3.4

③ 0.1 □ 0　　④ 6.5 □ 5.6

⑤ 6.9 □ 7　　⑥ 2.4 □ 2.7

⑦ 9 □ 8.9　　⑧ 10 □ 9.9

⑨ 88 □ 8.8　　⑩ 9.6 □ 96

答えをかきおわったら見直しをして，まちがいを少なくしよう。

とく点　　点

# 小 数 ④

月　日　名前

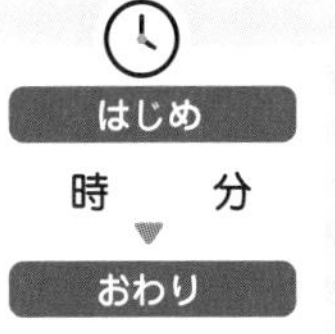

**1** □にあてはまる数をかきましょう。　〔1もん　2点〕

① 1cm = [10] mm　　② 0.5cm = [5] mm

③ 0.4cm = [ ] mm　　④ 0.1cm = [ ] mm

⑤ 0.6cm = [ ] mm　　⑥ 0.8cm = [ ] mm

⑦ 1mm = [0.1] cm　　⑧ 5mm = [ ] cm

⑨ 6mm = [ ] cm　　⑩ 9mm = [ ] cm

⑪ 3mm = [ ] cm　　⑫ 10mm = [ ] cm

**2** □にあてはまる数をかきましょう。　〔1もん　3点〕

① 1.1cm = [11] mm
② 1.1cm = [1] cm [1] mm

③ 1.5cm = [ ] mm
④ 1.5cm = [ ] cm [ ] mm

⑤ 13mm = [1.3] cm
⑥ 13mm = [1] cm [3] mm

⑦ 25mm = [ ] cm
⑧ 25mm = [ ] cm [ ] mm

**3** □にあてはまる数をかきましょう。　〔1もん　2点〕

① 1m = [100] cm　　② 0.5m = [50] cm

③ 0.3m = [ ] cm　　④ 60cm = [ ] m

## 4 □にあてはまる数をかきましょう。 〔1もん　2点〕

| 1 mL | →100倍(ばい)→ | 1 dL | →10倍(ばい)→ | 1 L |
|---|---|---|---|---|
| 1 mL | →→→→ 1000倍(ばい) →→→→ | | | 1 L |

① 1 L ＝ [10] dL

② 0.5L ＝ [5] dL

③ 0.1L ＝ [　] dL

④ 0.4L ＝ [　] dL

⑤ 10dL ＝ [1] L

⑥ 9 dL ＝ [0.9] L

⑦ 3 dL ＝ [　] L

⑧ 5 dL ＝ [　] L

⑨ 100mL ＝ [0.1] L

⑩ 800mL ＝ [　] L

## 5 □にあてはまる数をかきましょう。 〔1もん　2点〕

① 1.1L ＝ [11] dL

② 1.1L ＝ [1] L [1] dL

③ 1.4L ＝ [　] dL

④ 1.4L ＝ [　] L [　] dL

⑤ 1L7dL ＝ [17] dL

⑥ 1L7dL ＝ [1.7] L

⑦ 2L5dL ＝ [　] dL

⑧ 2L5dL ＝ [　] L

⑨ 1.1L ＝ [1100] mL

⑩ 1.1L ＝ [1] L [100] mL

⑪ 1.3L ＝ [　] mL

⑫ 1.3L ＝ [　] L [　] mL



まちがえたもんだいはやり直して，どこでまちがえたのか，よくたしかめておこう。

とく点　　点

# 小　数　⑤

月　日　名前

## おぼえておこう

| 0 | $\frac{1}{10}$ | $\frac{2}{10}$ | $\frac{3}{10}$ | $\frac{4}{10}$ | $\frac{5}{10}$ | $\frac{6}{10}$ | $\frac{7}{10}$ | $\frac{8}{10}$ | $\frac{9}{10}$ | 1 |
|---|---|---|---|---|---|---|---|---|---|---|
| | 0.1 | 0.2 | 0.3 | 0.4 | 0.5 | 0.6 | 0.7 | 0.8 | 0.9 | |

$0.1=\frac{1}{10}$　$0.4=\frac{4}{10}$　$0.7=\frac{7}{10}$

$0.2=\frac{2}{10}$　$0.5=\frac{5}{10}$　$0.8=\frac{8}{10}$

$0.3=\frac{3}{10}$　$0.6=\frac{6}{10}$　$0.9=\frac{9}{10}$

**1** つぎの㋐，㋑，㋒，㋓の分数を，下の数直線に，↓で表(あらわ)しましょう。

〔1つ　5点〕

㋐ $\frac{2}{10}$　㋑ $\frac{4}{10}$　㋒ $\frac{7}{10}$　㋓ $\frac{9}{10}$

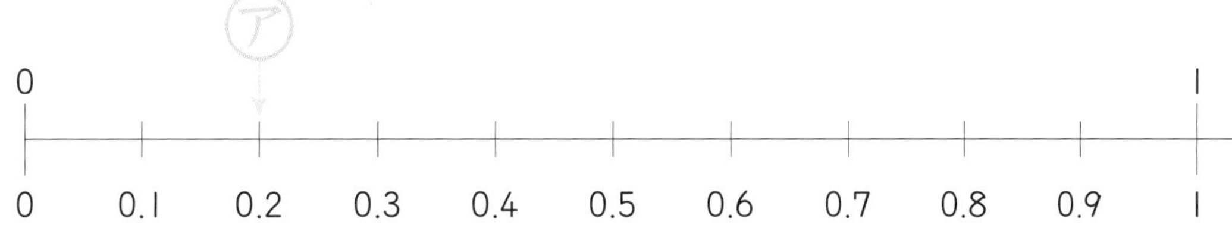


**2** つぎの㋐，㋑，㋒，㋓の小数を，下の数直線に，↓で表(あらわ)しましょう。

〔1つ　5点〕

㋐ 0.1　㋑ 0.4　㋒ 0.6　㋓ 0.8

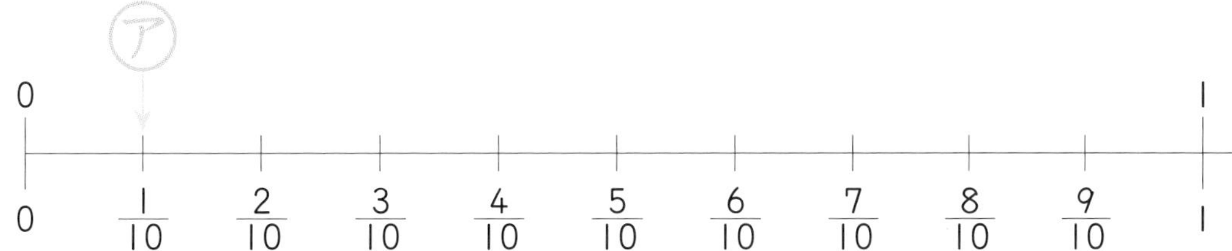

**3** 下の数直線を見て，□にあてはまる不等号(＞，＜)をかきましょう。

〔1もん　5点〕

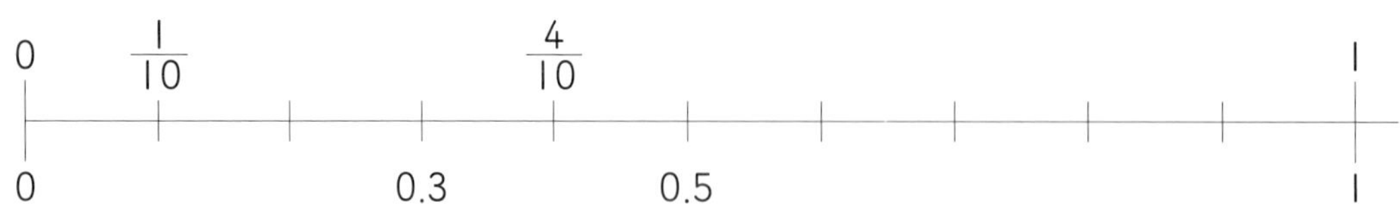


① $\frac{1}{10}$ [＜] 0.3　　② $\frac{4}{10}$ [　] 0.5

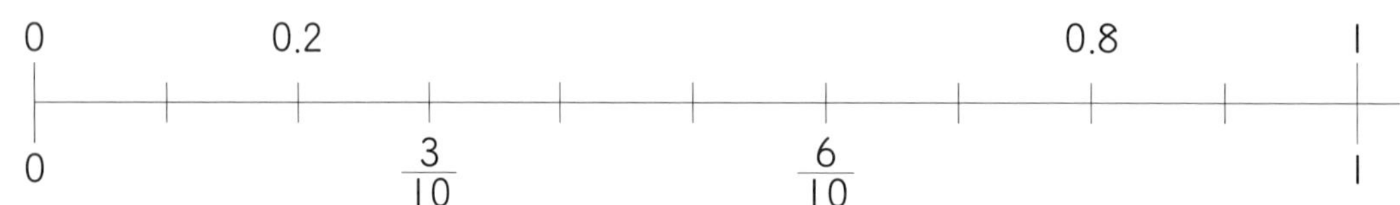


③ 0.2 [　] $\frac{3}{10}$　　④ 0.8 [　] $\frac{6}{10}$

**4** □にあてはまる等号(＝)か不等号(＞，＜)をかきましょう。

〔1もん　4点〕

① $\frac{1}{10}$ [＝] 0.1　　② $\frac{1}{10}$ [＜] 0.2

③ $\frac{5}{10}$ [　] 0.2　　④ $\frac{9}{10}$ [　] 0.6

⑤ $\frac{4}{10}$ [　] 0.6　　⑥ $\frac{5}{10}$ [　] 0.8

⑦ 0.4 [　] $\frac{2}{10}$　　⑧ 0.3 [　] $\frac{9}{10}$

⑨ 0.8 [　] $\frac{8}{10}$　　⑩ 0.9 [　] $\frac{8}{10}$

小数と分数のかんけいは，わかったかな。まちがえたもんだいはやり直しておこう。

とく点　　点

# 時こくと時間 ①

月　　日　名前

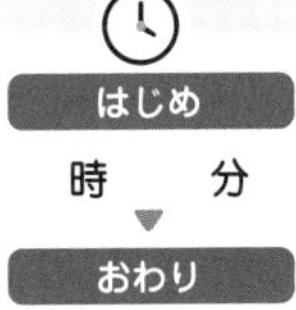

**1** ストップウォッチは，短(みじか)い時間をはかる時計です。長いはりが**1まわり**すると**60秒(びょう)**です。長いはりがさしているのは何秒(びょう)ですか。（　）にかきましょう。

〔1もん　5点〕

① 

（　1秒　）

②

（　5秒　）

③ 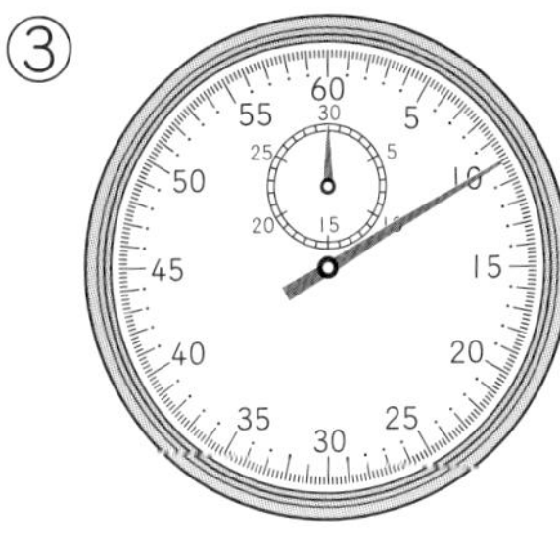

（　　秒　）

④ 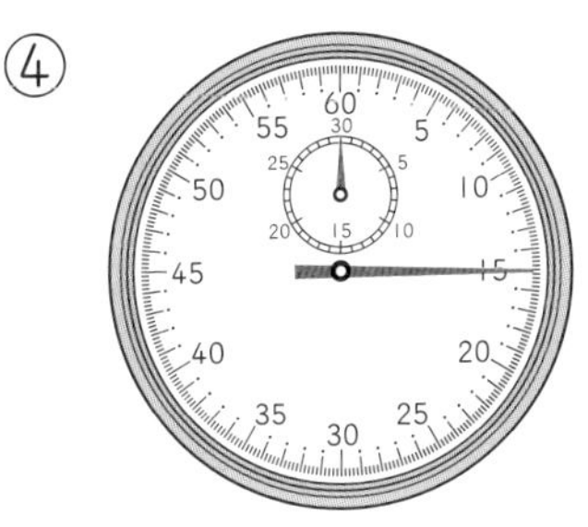

（　　秒　）

⑤

（　　秒　）

⑥ 

（　　秒　）

⑦ 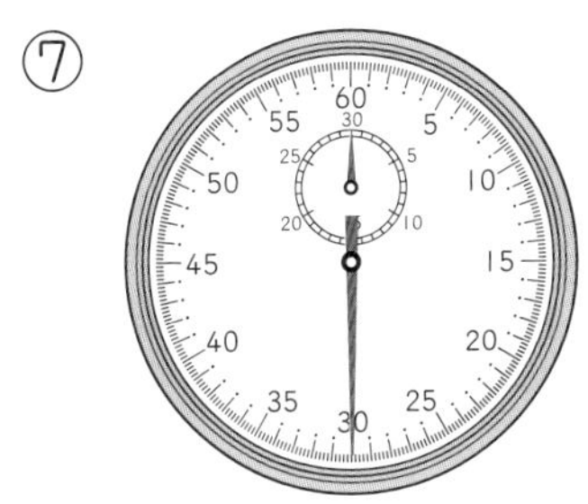

（　　　）

⑧ 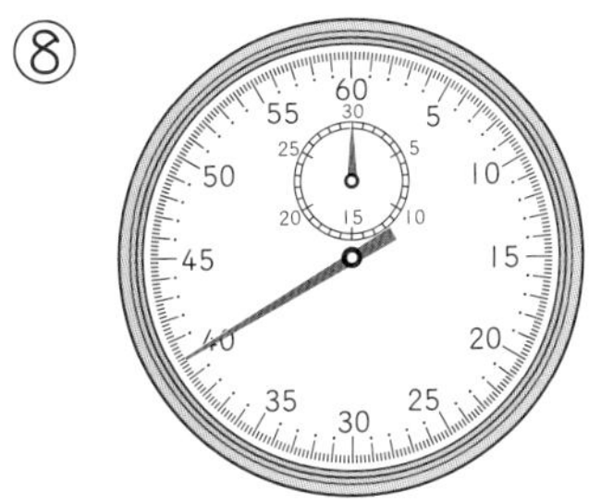

（　　　）

⑨ 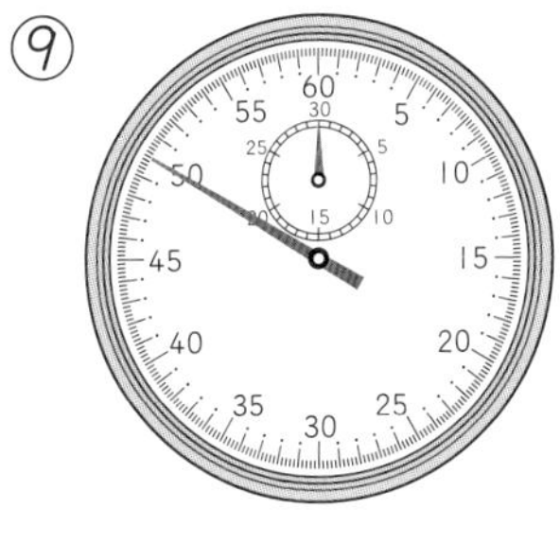

（　　　）

**2** ストップウォッチの長いはりは，**60秒**（**1分**）で1まわりします。短いはりは，何分すぎたかをさしています。つぎの図は，何分何秒を表していますか。

〔1もん　5点〕

① （1分30秒）　② （1分10秒）　③ （　分　秒）　④ （　分　秒）

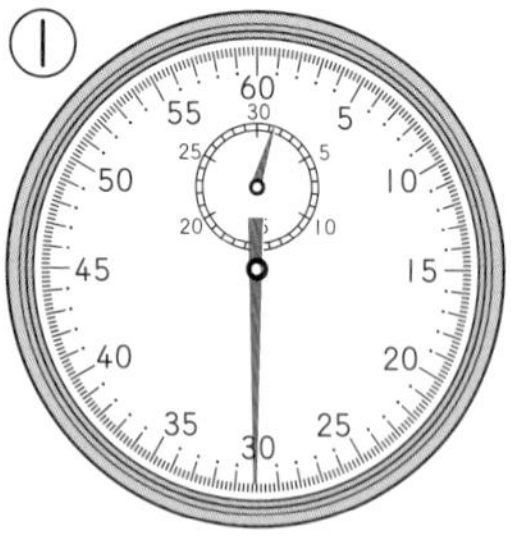

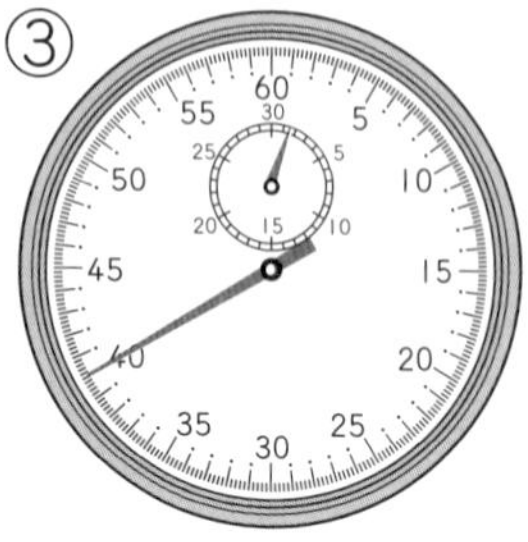

⑤ （　　）　⑥ （　　）　⑦ （　　）　⑧ （　　）

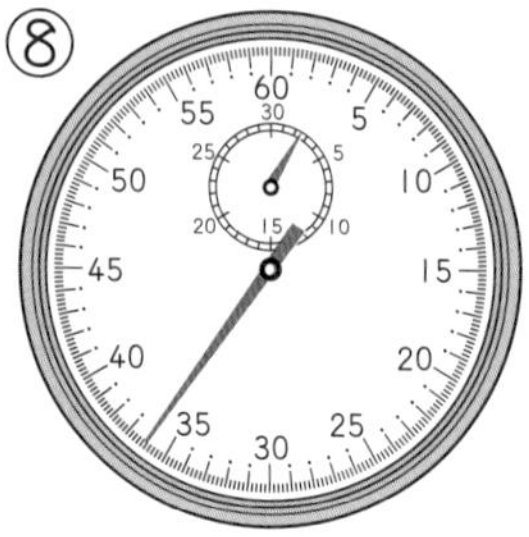

⑨ （　　）　⑩ （　　）　⑪ （　　）

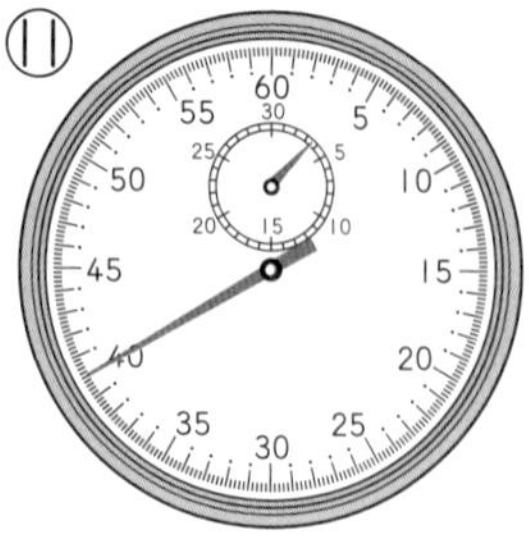

目もりをよく見て答えよう。答えをかきおわったら見直しをしよう。

とく点　　点

# 時こくと時間 ②

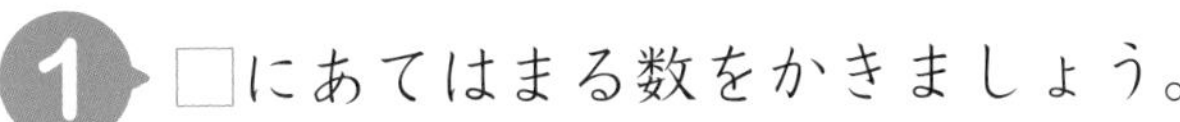

月　日　名前

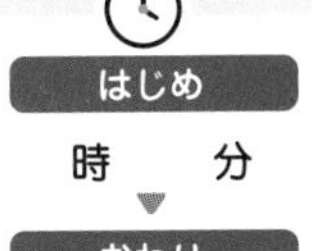

**1** □にあてはまる数をかきましょう。　〔1もん　2点〕

① 1分 = [60] 秒　　② 1分1秒 = [61] 秒

③ 1分10秒 = [　] 秒　　④ 1分15秒 = [　] 秒

⑤ 1分30秒 = [　] 秒　　⑥ 1分50秒 = [　] 秒

⑦ 1分16秒 = [　] 秒　　⑧ 1分19秒 = [　] 秒

⑨ 1分38秒 = [　] 秒　　⑩ 1分42秒 = [　] 秒

⑪ 2分 = [120] 秒　　⑫ 2分20秒 = [140] 秒

⑬ 2分30秒 = [　] 秒　　⑭ 2分45秒 = [　] 秒

⑮ 2分12秒 = [　] 秒　　⑯ 2分28秒 = [　] 秒

⑰ 3分 = [　] 秒　　⑱ 3分10秒 = [　] 秒

⑲ 3分20秒 = [　] 秒　　⑳ 3分30秒 = [　] 秒

㉑ 3分15秒 = [　] 秒　　㉒ 3分45秒 = [　] 秒

**2** □にあてはまる数をかきましょう。 〔1もん　2点〕

① 70秒 ＝ [1] 分 [10] 秒　② 80秒 ＝ □ 分 □ 秒

③ 90秒 ＝ □ 分 □ 秒　④ 100秒 ＝ □ 分 □ 秒

⑤ 75秒 ＝ □ 分 □ 秒　⑥ 85秒 ＝ □ 分 □ 秒

⑦ 95秒 ＝ □ 分 □ 秒　⑧ 105秒 ＝ □ 分 □ 秒

⑨ 88秒 ＝ □ 分 □ 秒　⑩ 92秒 ＝ □ 分 □ 秒

⑪ 120秒 ＝ □ 分　⑫ 180秒 ＝ □ 分

⑬ 130秒 ＝ □ 分 □ 秒　⑭ 190秒 ＝ □ 分 □ 秒

⑮ 140秒 ＝ □ 分 □ 秒　⑯ 200秒 ＝ □ 分 □ 秒

**3** 時間の短いじゅんに，（　）に1，2，3，4と番号をかきましょう。 〔1もん　8点〕

①［ 2分（　） 20秒（　） 1分（　） 110秒（　）］

②［ 13分（　） 130秒（　） 3分（　） 2分20秒（　）］

③［ 1分5秒（　） 55秒（　） 5分（　） 95秒（　）］

答えをかきおわったら見直しをして，まちがいを少なくしよう。

とく点　　点

# 円と球（きゅう） ①

月　　日　名前

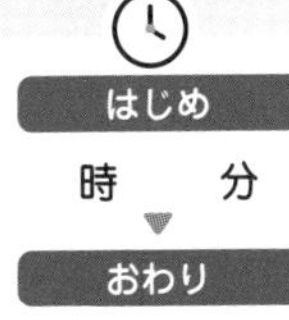

## おぼえておこう

**円**（えん）

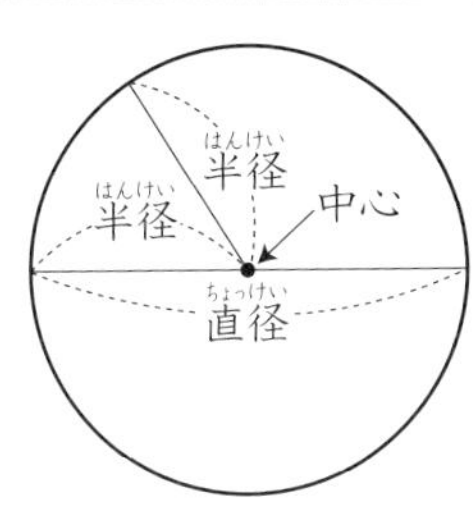


- 円の**中心**（ちゅうしん）を通り，まわりからまわりまでひいた直線を，**直径**（ちょっけい）といいます。
- 円の直径（ちょっけい）の長さは，**半径**（はんけい）の長さの2倍（ばい）です。

**1** □にあてはまる数をかきましょう。〔1もん　4点〕

① 半径（はんけい）2cmの円の直径（ちょっけい）の長さは，□cmです。

② 直径（ちょっけい）2cmの円の半径（はんけい）の長さは，□cmです。

③ 半径（はんけい）4cmの円の直径（ちょっけい）の長さは，□cmです。

④ 直径（ちょっけい）4cmの円の半径（はんけい）の長さは，□cmです。

⑤ 直径（ちょっけい）7cmの円の半径（はんけい）の長さは，□cm□mmです。

**2** 直径（ちょっけい）と半径（はんけい）を下の円にかきましょう。〔1もん　10点〕

① 直径（ちょっけい）

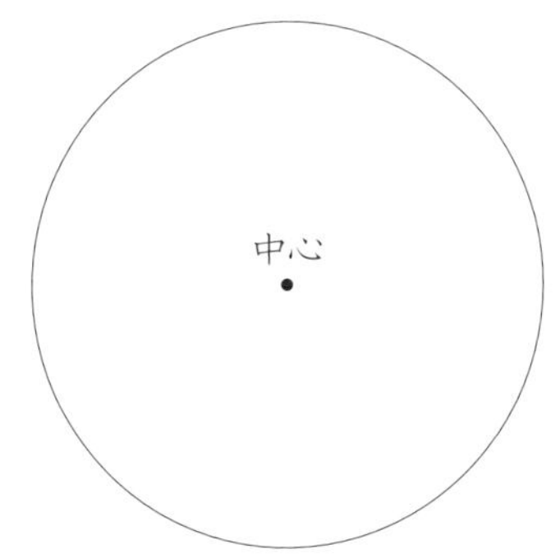


② 半径（はんけい）

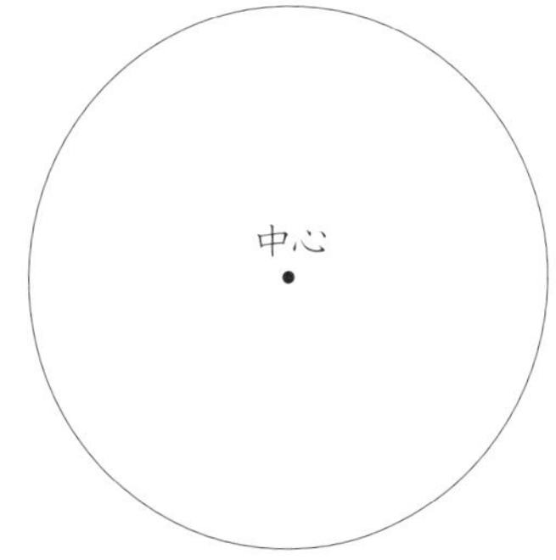

**3** コンパスをつかって，つぎのような円をかきましょう。　〔1もん　10点〕

① 半径(はんけい)3 cmの円

② 直径(ちょっけい)6 cmの円

③ 半径(はんけい)4 cmの円

④ 直径(ちょっけい)4 cmの円

⑥ 直径(ちょっけい)5 cmの円

⑤ 直径(ちょっけい)3 cmの円



もんだいのほかにも，いろいろな大きさの円を，なれるまでかいてみよう。

とく点　　点

# 30 円と球（きゅう） ②

むずかしさ ★★

月　日　名前

はじめ　時　分
おわり　時　分

**1** 右のアの点が円の中心になるようにして，直径（ちょっけい）が6 cm，4 cm，2 cmの，3つの円をかきましょう。〔1つ　10点〕

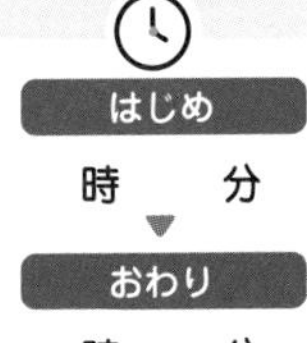

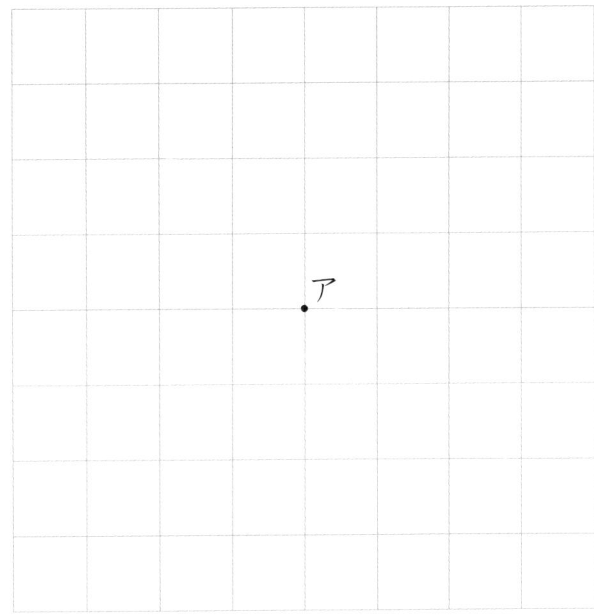

**2** 下の図の，右の点にコンパスのはりをさして，左の図と同じ図をかきましょう。〔1もん　10点〕

①
②

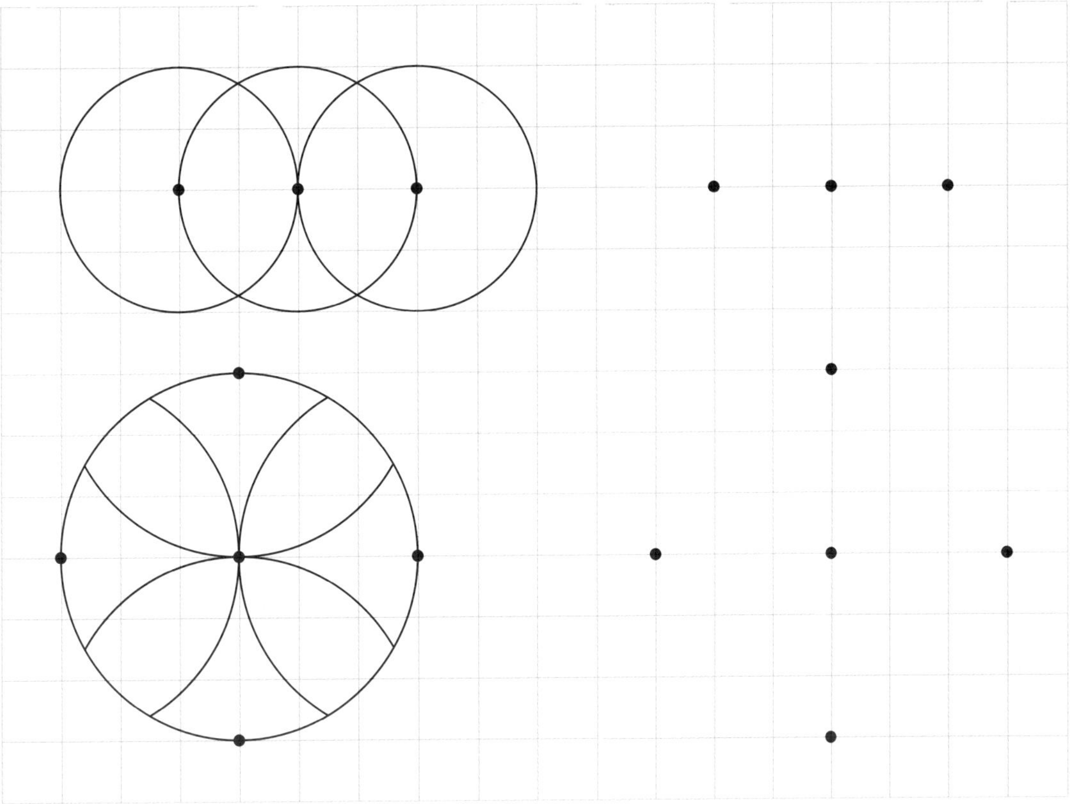

**3** 左のもようをよく見て，もんだいに答えましょう。〔1もん　10点〕

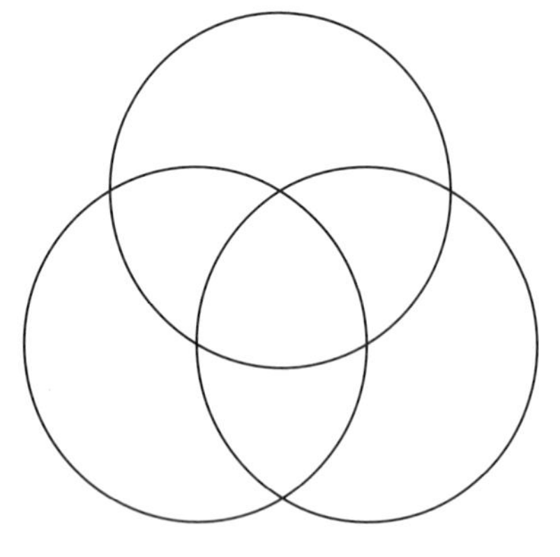

① 左のもようは，コンパスのはりをどこにさしたらかけるでしょうか。もようの中に，3つの点をかき入れましょう。

② 同じもようを右にかきましょう。

**4** コンパスをつかって，左の図と同じ図を右にかきましょう。〔1もん　15点〕

①

②

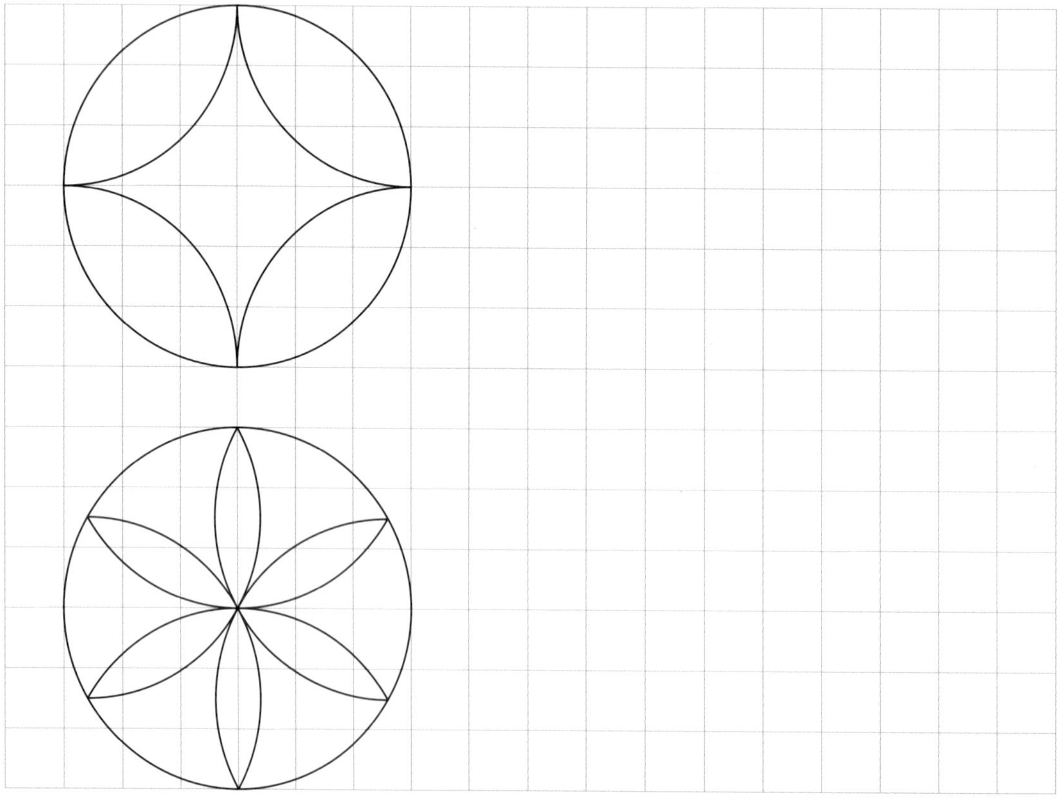

円がうまくかけないときは，ほかの紙にかいて，なんどもれんしゅうしよう。

とく点　　点

# 円と球（きゅう） ③

月　日　名前

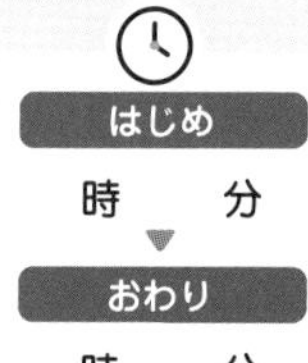

**1** 直径（ちょっけい）8 cmの大きい円の中に，同じ大きさの小さい円が2つぴったり入っています。〔1もん　5点〕

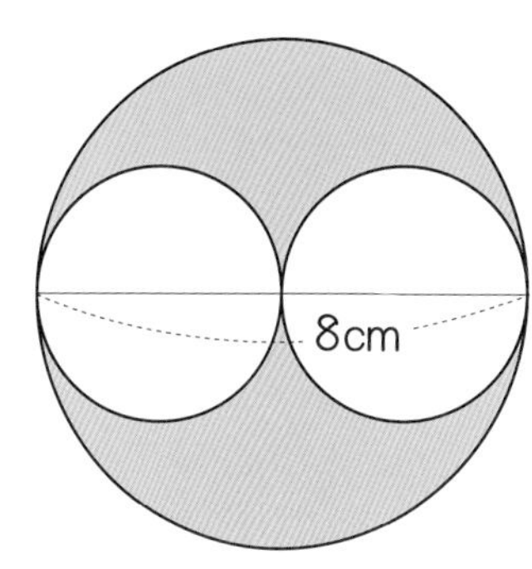


① 大きい円の半径（はんけい）は何cmですか。

（　　　　）

② 小さい円の直径（ちょっけい）は何cmですか。

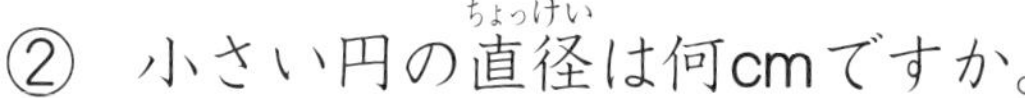

（　　　　）

③ 小さい円の半径（はんけい）は何cmですか。

（　　　　）

**2** 半径（はんけい）5 cmの大きい円の中に，同じ大きさの小さい円が2つぴったり入っています。〔1もん　5点〕

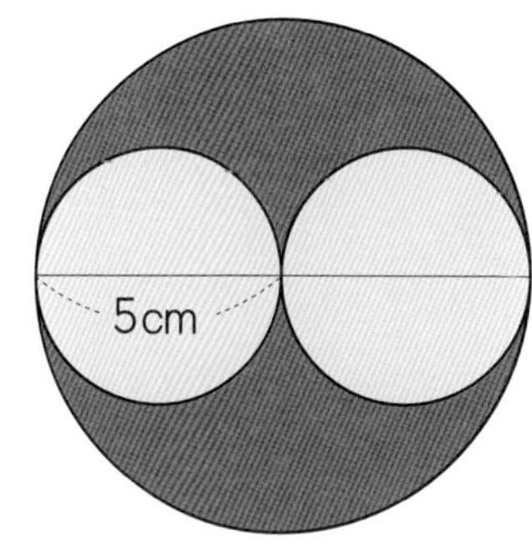


① 大きい円の直径（ちょっけい）は何cmですか。

（　　　　）

② 小さい円の直径（ちょっけい）は何cmですか。

（　　　　）

③ 小さい円の半径（はんけい）は何cm何mmですか。

（　　　　）

**3** 右の図の円の半径（はんけい）は3 cmです。〔1もん　5点〕

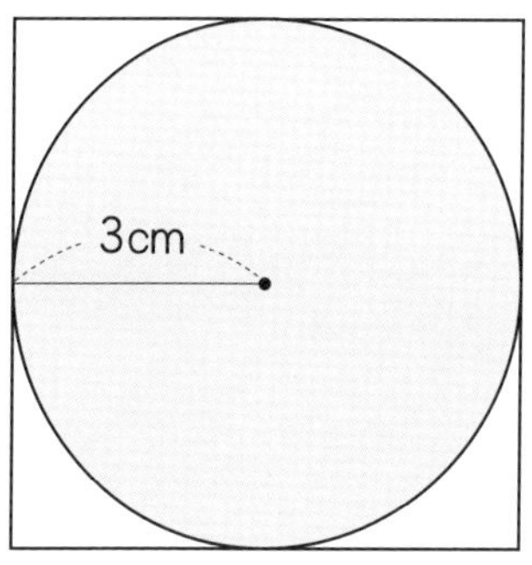


① 円の直径（ちょっけい）は何cmですか。

（　　　　）

② 正方形の1つの辺（へん）の長さは何cmですか。

（　　　　）

4 つぎの正方形の１つの辺の長さは何cmですか。 〔1もん 10点〕

①

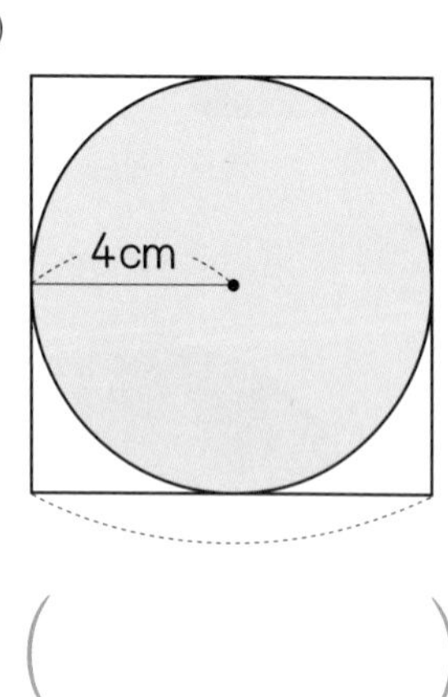


(　　　　)

②

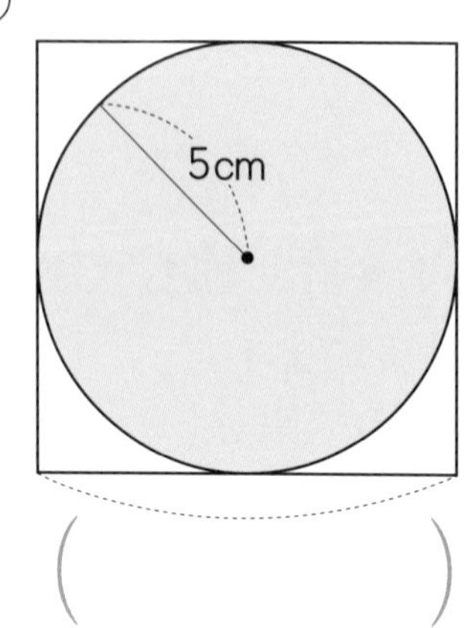


(　　　　)

③

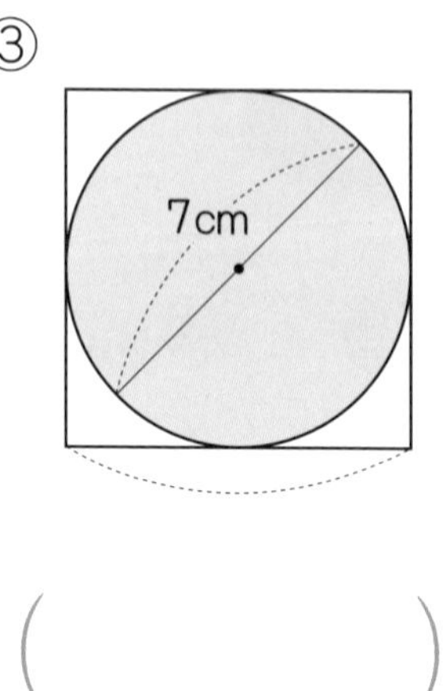


(　　　　)

5 右の図で，小さい円の半径は２cmです。正方形の１つの辺の長さは何cmですか。 〔10点〕

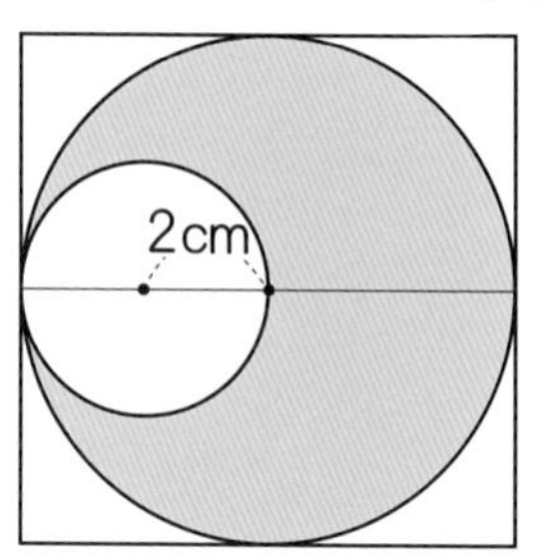


(　　　　)

6 右の図で，小さい円の半径は３cmです。正方形の１つの辺の長さは何cmですか。 〔10点〕

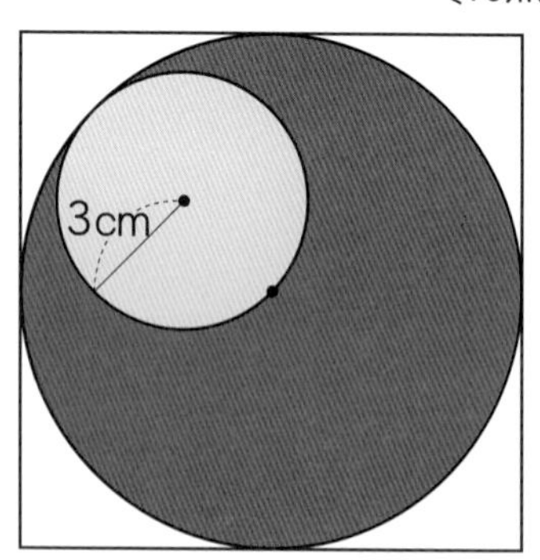


(　　　　)

7 半径３cmの円を，右の図のように４つかさねてならべました。アからイまでの長さはどれだけですか。 〔10点〕

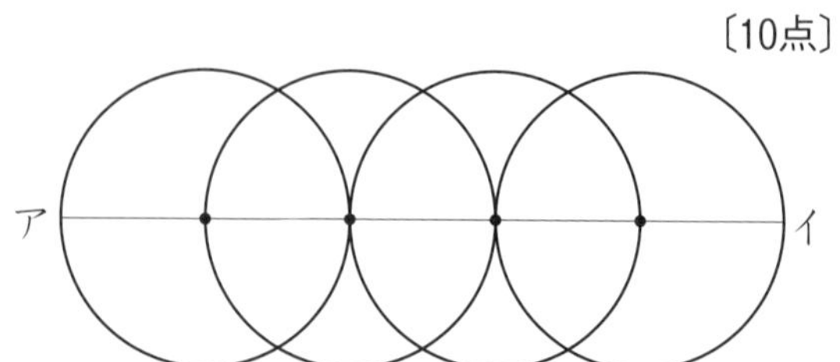


(　　　　)



まちがえたもんだいは，もういちどやり直してみよう。

とく点　　点

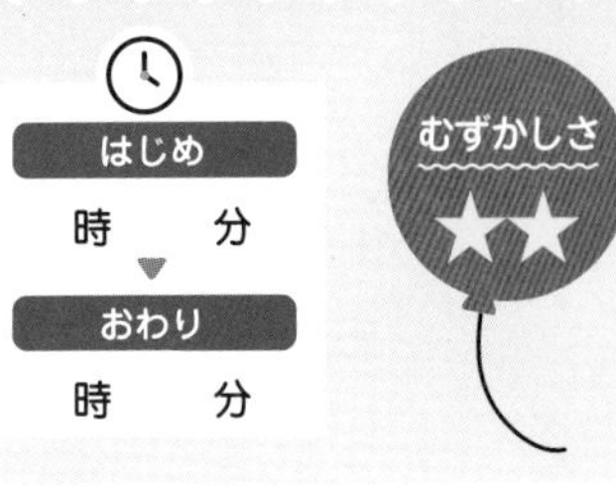


**1** コンパスを２cmにひらき，下の直線をはしから２cmずつにくぎっています。つづけてくぎりましょう。〔10点〕

**2** コンパスをつかって，下の直線をはしから３cmずつにくぎりましょう。〔10点〕

**3** コンパスをひらいて長さをくらべ，長いほうの直線に○をつけましょう。〔１もん　10点〕

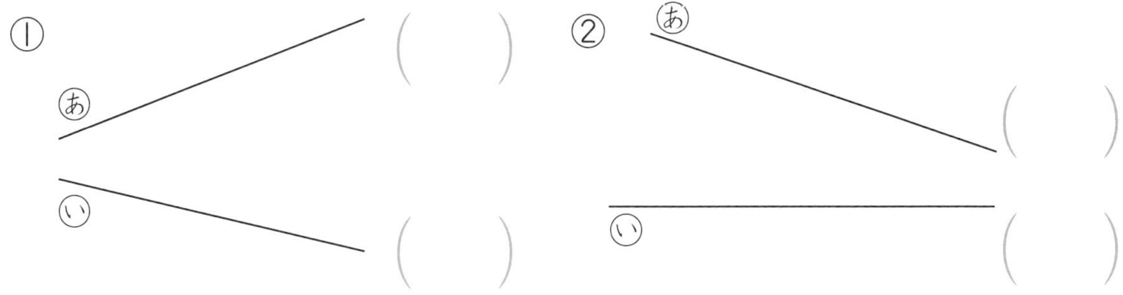


**4** アイウエをのばすと，どんな長さの直線になりますか。コンパスをつかって，アイ，イウ，ウエの長さをしらべ，下の直線にイ，ウ，エの点をかき入れましょう。〔10点〕

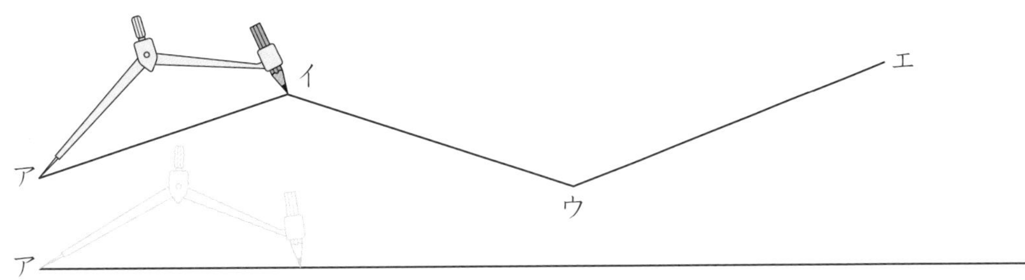

**5** 下の図を見て，もんだいに答えましょう。〔1もん　10点〕

① アイウエオの長さを，コンパスをつかって下の直線の上にうつしとり，イ，ウ，エ，オの点をかき入れましょう。

② うつしとった長さをくらべて，長いほうの線の（　）に○をかきましょう。

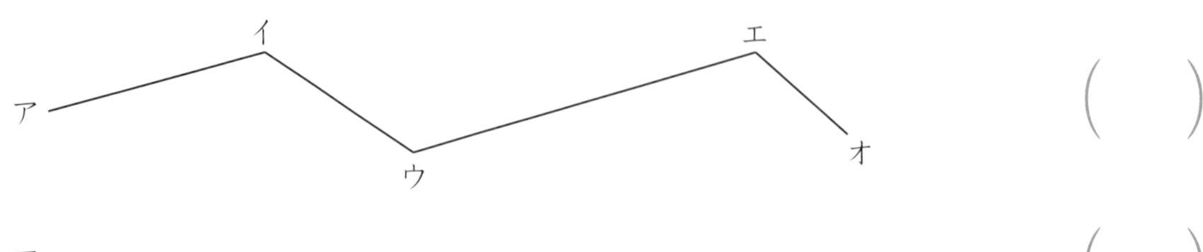


ア　　　　　　　　　　　　　　（　　）

**6** コンパスをつかってしらべてから，答えましょう。〔1もん　15点〕

① アの点から4cmはなれたところにある点はどれですか。ぜんぶかきましょう。（　　　　）

② イの点から6cmはなれたところにある点はどれですか。ぜんぶかきましょう。（　　　　）

ウ　ク　ソ　カ　サ　チ　エ　シ　ア　イ　ケ　オ　キ　セ　タ　コ　ス



まちがえたもんだいはやり直して，どこでまちがえたのか，よくたしかめておこう。

とく点　　点

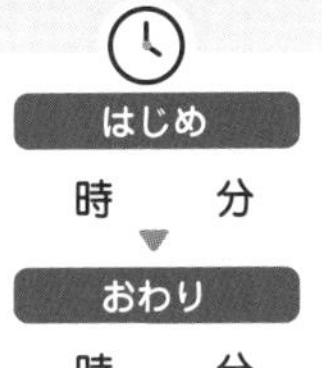

**1** すいかを下の図のように，ア，イ，ウのところで切りました。切り口はそれぞれどんな形になりますか。線でむすびましょう。〔1本　5点〕

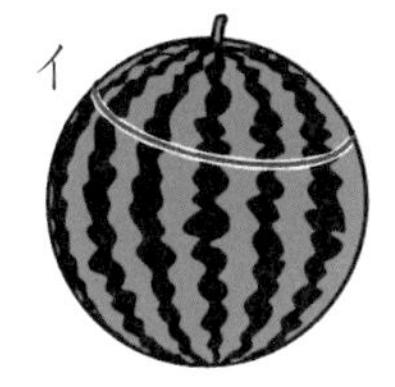


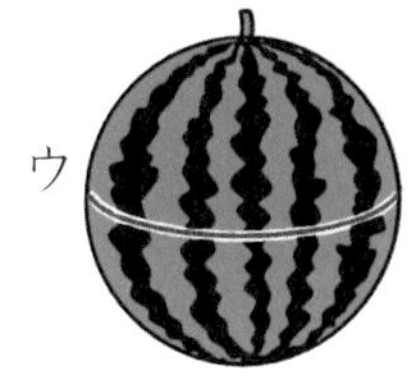


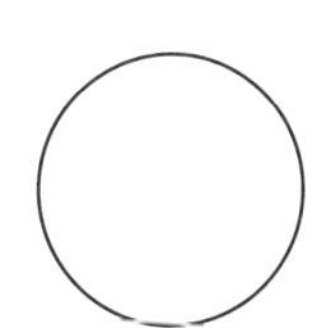
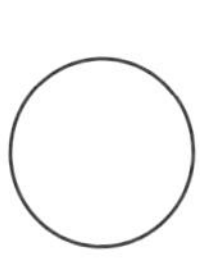
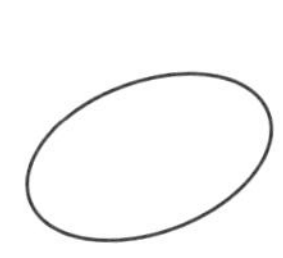
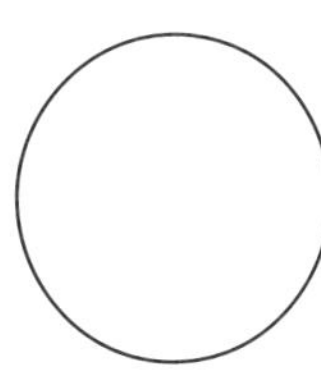
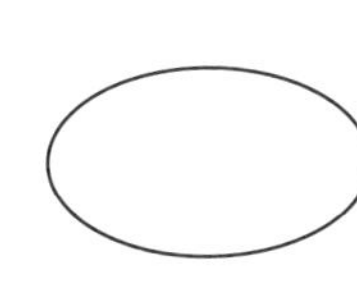

**おぼえておこう**

**球**

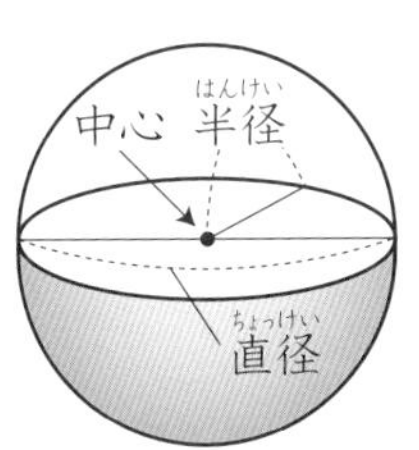


● 球を半分に切った切り口の，円の中心，半径，直径を，それぞれ球の中心，半径，直径といいます。

**2** □にあてはまる数をかきましょう。〔1もん　10点〕

① 直径が 4 cmの球の半径は，□cmです。

② 直径が 7 cmの球の半径は，□cm□mmです。

③ 半径が 5 cmの球の直径は，□cmです。

④ 半径が 7 cmの球の直径は，□cmです。

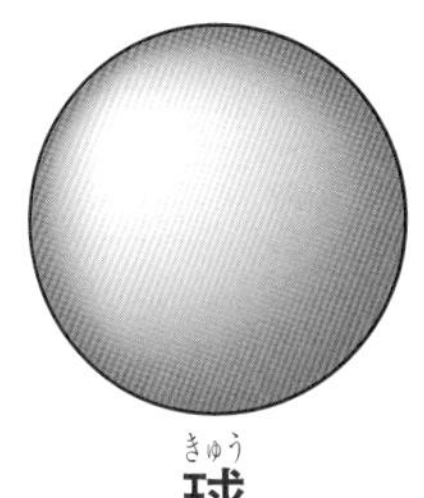

球

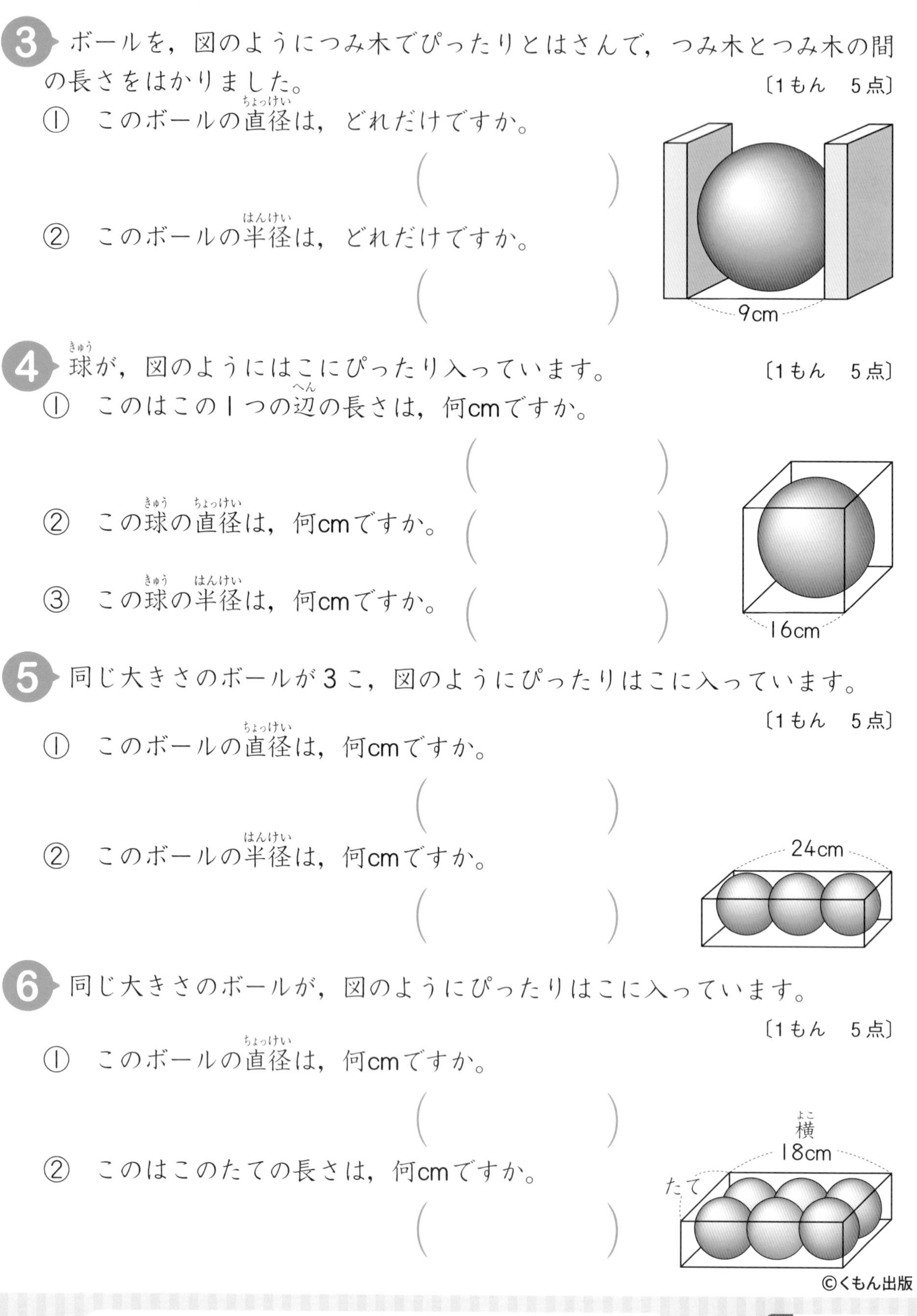


**3** ボールを，図のようにつみ木でぴったりとはさんで，つみ木とつみ木の間の長さをはかりました。

〔1もん　5点〕

① このボールの直径は，どれだけですか。

(　　　　　)

② このボールの半径は，どれだけですか。

(　　　　　)

**4** 球が，図のようにはこにぴったり入っています。

〔1もん　5点〕

① このはこの１つの辺の長さは，何cmですか。

(　　　　　)

② この球の直径は，何cmですか。(　　　　　)

③ この球の半径は，何cmですか。(　　　　　)

**5** 同じ大きさのボールが３こ，図のようにぴったりはこに入っています。

〔1もん　5点〕

① このボールの直径は，何cmですか。

(　　　　　)

② このボールの半径は，何cmですか。

(　　　　　)

**6** 同じ大きさのボールが，図のようにぴったりはこに入っています。

〔1もん　5点〕

① このボールの直径は，何cmですか。

(　　　　　)

② このはこのたての長さは，何cmですか。

(　　　　　)



**答えをかきおわったら見直しをして，まちがいを少なくしよう。**

とく点　　　点

# 三角形と角(かく) ①

月　日　名前

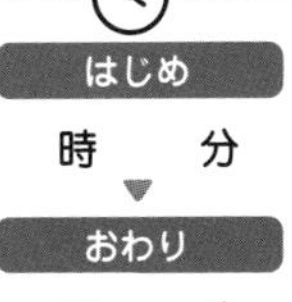

## おぼえておこう

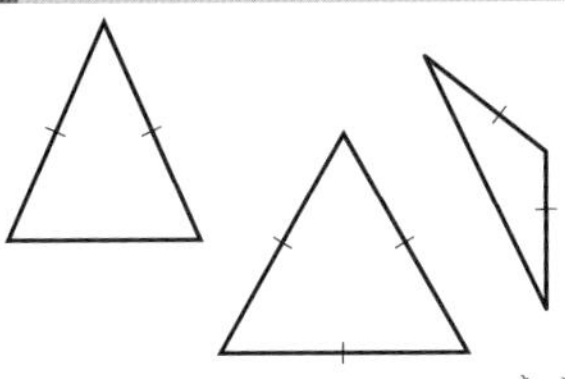

● 2つの辺(へん)の長さが等(ひと)しい三角形を，**二等辺三角形**(にとうへんさんかくけい)といいます。

● 3つの辺(へん)の長さが等(ひと)しい三角形を，**正三角形**(せいさんかくけい)といいます。

(┼は，同じ長さという記号(きごう))

**1** つぎの三角形の名前をかきましょう。 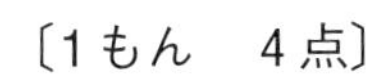〔1もん　4点〕

①
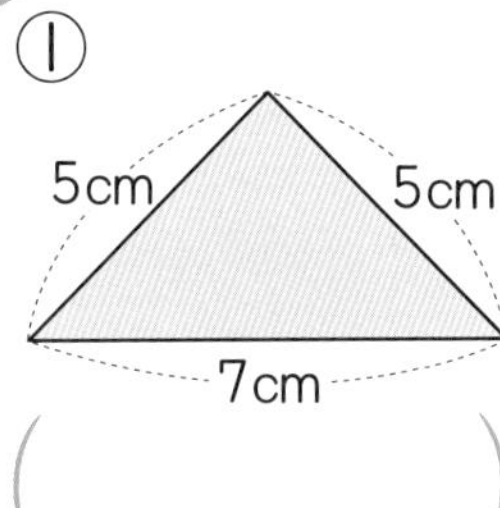

(　　　　)

②
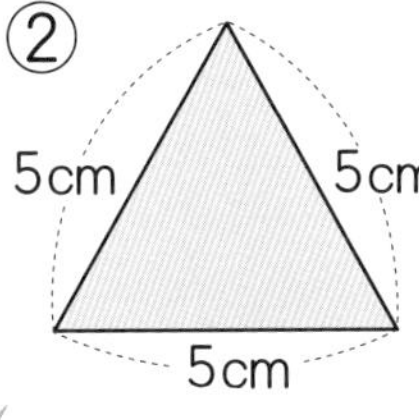

(　　　　)

③
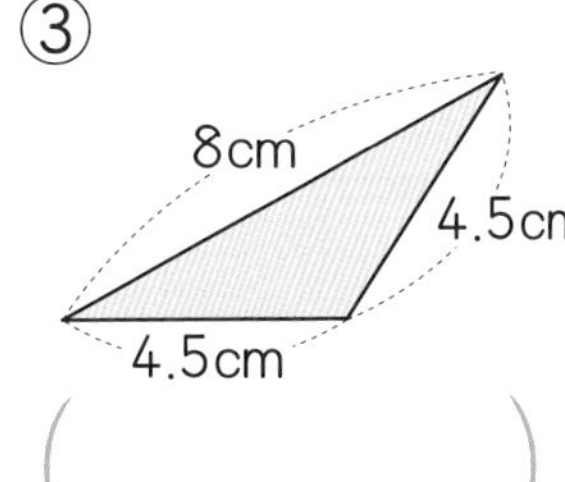

(　　　　)

④
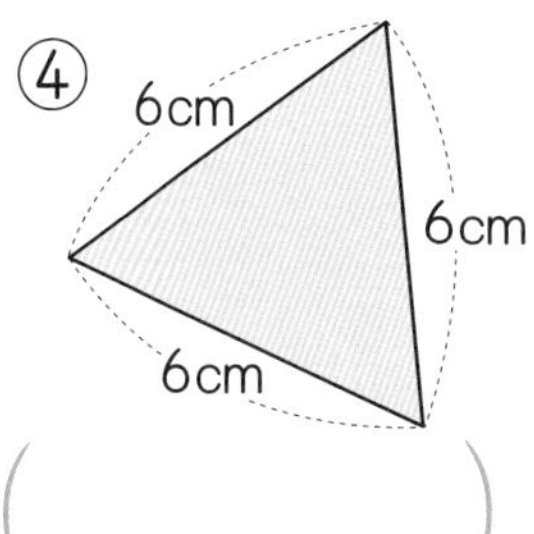

(　　　　)

**2** 下の三角形を見て答えましょう。 〔(　)1つ　4点〕

㋐
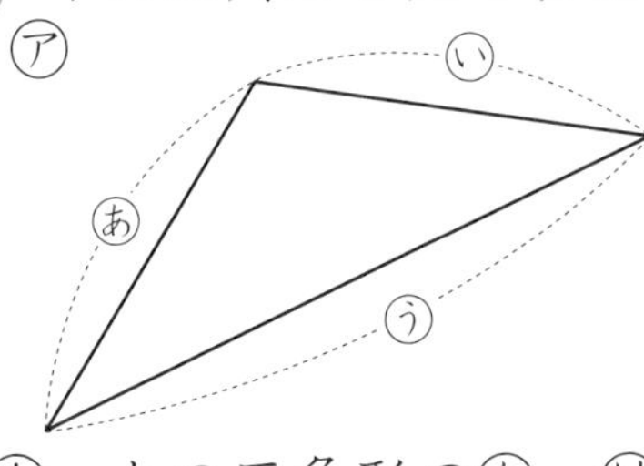


㋑
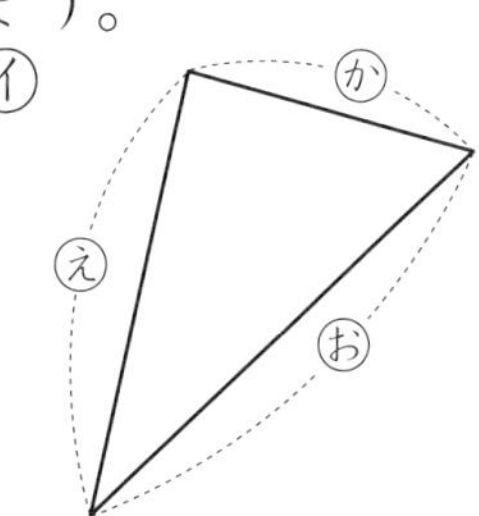


㋒
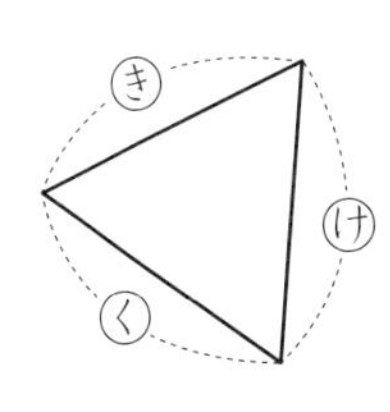


① 上の三角形のあ～けの辺(へん)の長さをぜんぶはかって，下の(　)にかきましょう。

(あ　　　　)　(え　　　　)　(き　　　　)

(い　　　　)　(お　　　　)　(く　　　　)

(う　　　　)　(か　　　　)　(け　　　　)

② ㋐，㋑，㋒のうち，正三角形と二等辺三角形(にとうへんさんかくけい)は，それぞれどれですか。

正三角形(　　　　)　二等辺三角形(にとうへんさんかくけい)(　　　　)

**3** 下の㋐～㋚の三角形の中から，二等辺三角形（にとうへんさんかくけい）と正三角形をぜんぶみつけて，㋐～㋚の記号（きごう）で答えましょう。 〔1もん　8点〕

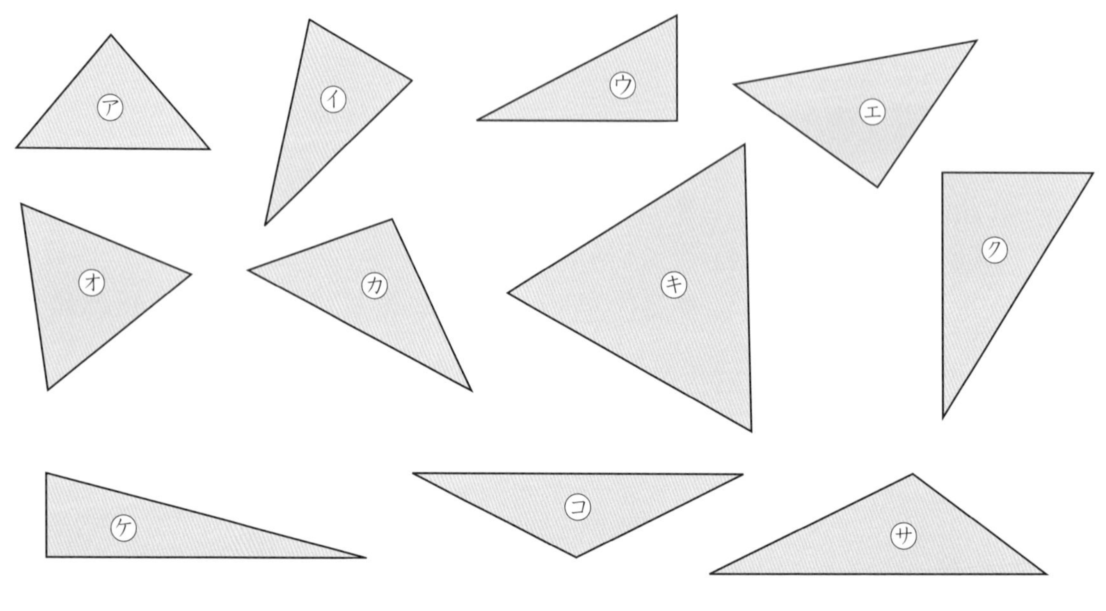


① 二等辺三角形（にとうへんさんかくけい）（　　　　　　）　② 正三角形（　　　　　）

**4** おり紙をつかって，図のようにして三角形を切りとります。できる三角形（▭の部分（ぶぶん））の名前をかきましょう。 〔1もん　8点〕

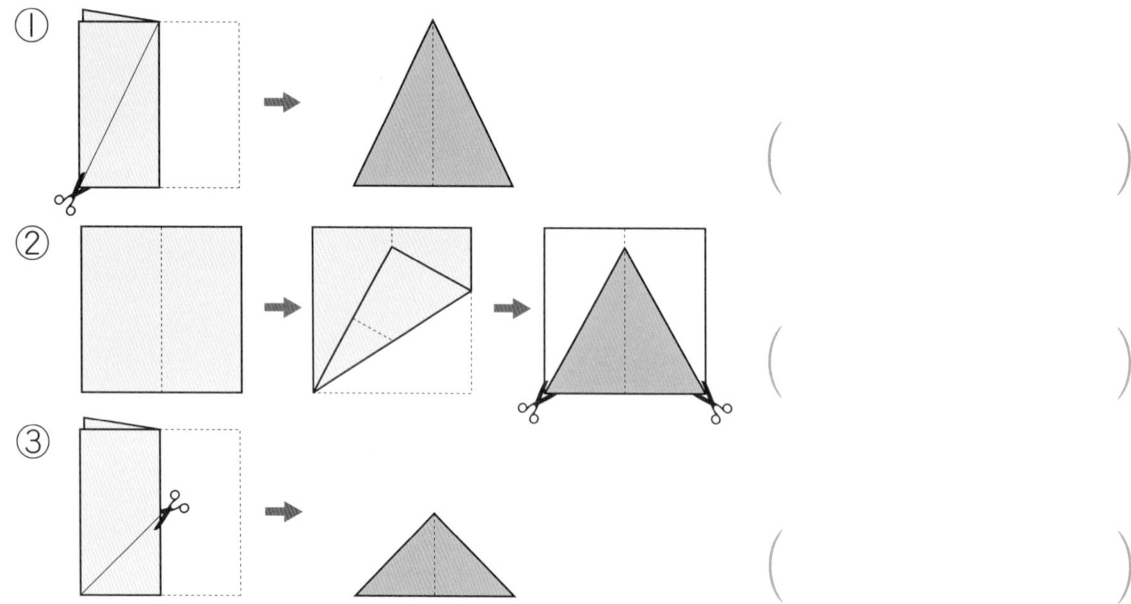


①（　　　　　）

②（　　　　　）

③（　　　　　）



まちがえたもんだいは，もういちどやり直してみよう。

とく点　　点

# 三角形と角（かく） ②

月　日　名前

はじめ　時　分
おわり　時　分

**1** ①，②に 3 cmの直線アイがかいてあります。〈れい〉のようにして，二等辺三角形（にとうへんさんかくけい）をかきましょう。

〔1もん　10点〕

〈れい〉

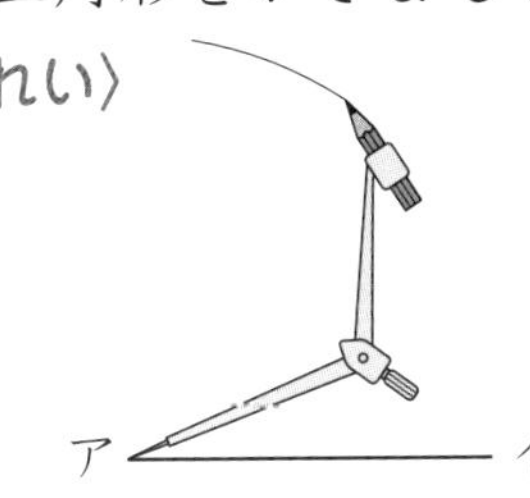

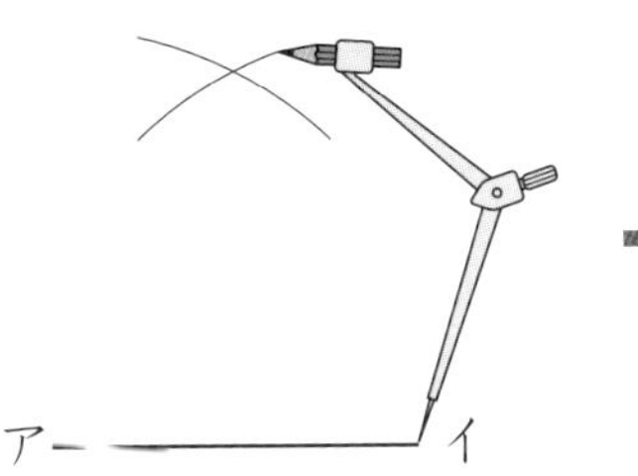


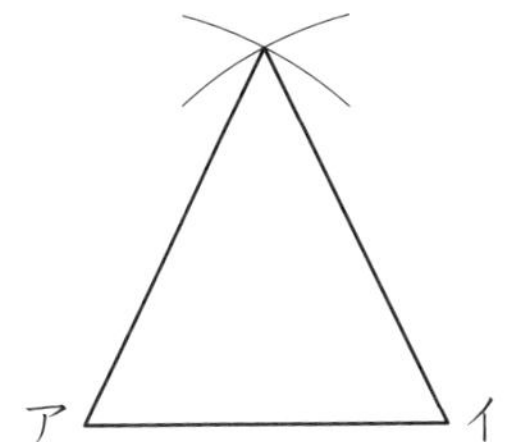


① コンパスを4 cmにひらいて2つの辺（へん）をかきましょう。

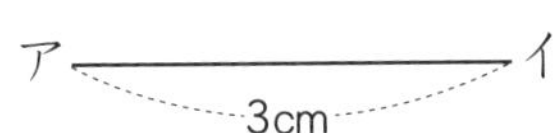


② コンパスを5 cmにひらいて2つの辺（へん）をかきましょう。

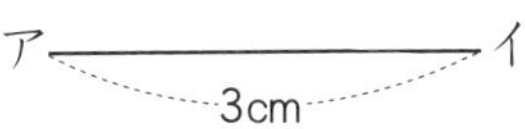


**2** アイと同じ長さにコンパスをひらいて，正三角形をかきましょう。

〔1もん　10点〕

①

ア　イ
6cm

②

ア　イ
4cm

## 3 じょうぎとコンパスをつかって，つぎのような三角形をかきましょう。

〔1もん　10点〕

① 3つの辺の長さが，4 cm，5 cm，4 cmの三角形

② 3つの辺の長さが，5 cm，2 cm，5 cmの三角形

③ 3つの辺の長さが，5 cm，5 cm，5 cmの三角形

④ 3つの辺の長さが，どれも3 cm 5 mmの三角形

## 4 半径3 cmの円をかきました。

〔1もん　5点〕

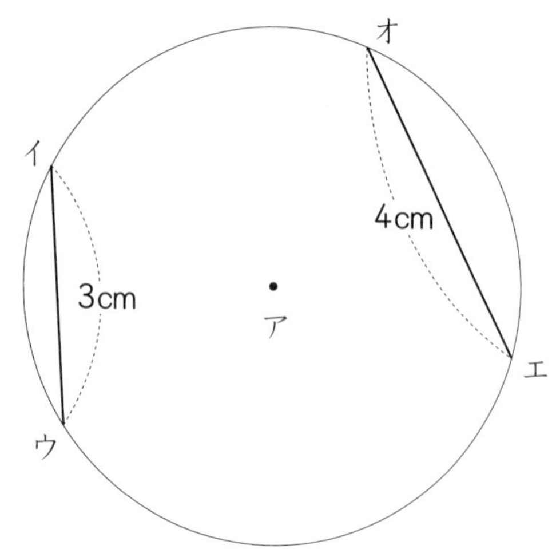


① ア，イ，ウがちょう点になる三角形を左の円の中にかきましょう。

② 三角形アイウの名前をかきましょう。（　　　　）

③ ア，エ，オがちょう点になる三角形を左の円の中にかきましょう。

④ 三角形アエオの名前をかきましょう。（　　　　）



ほかの紙にもいろいろな大きさの三角形をかいてみよう。

とく点　　点

# 三角形と角 ③

月　日　名前

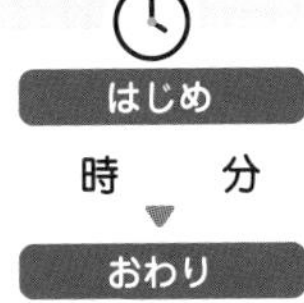

**おぼえておこう**

- １つのちょう点から出ている２つの辺がつくる形を**角**といいます。
- 辺のひらきぐあいを**角の大きさ**といいます。

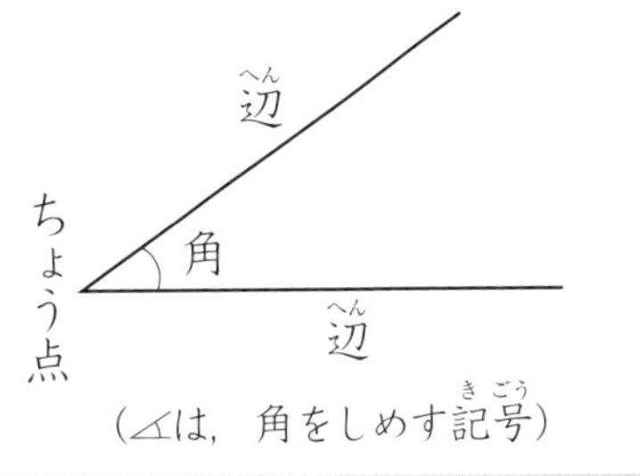


（∠は，角をしめす記号）

**1** 三角じょうぎのかどをあててしらべ，もんだいにⓢ〜ⓣの記号で答えましょう。　〔1もん　5点〕

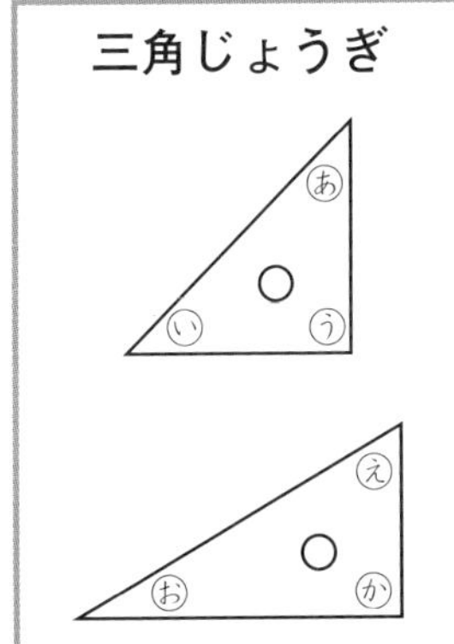


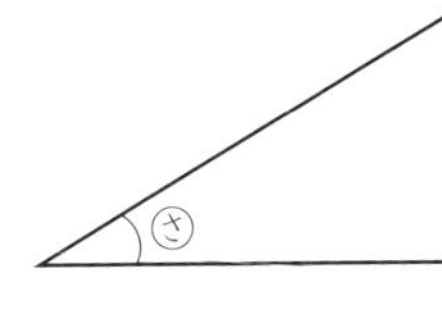


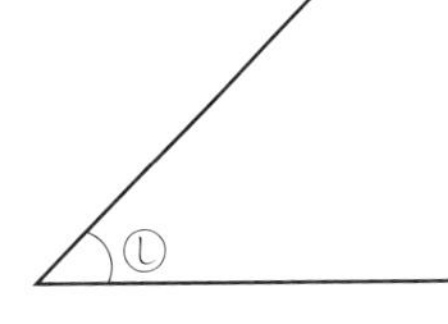


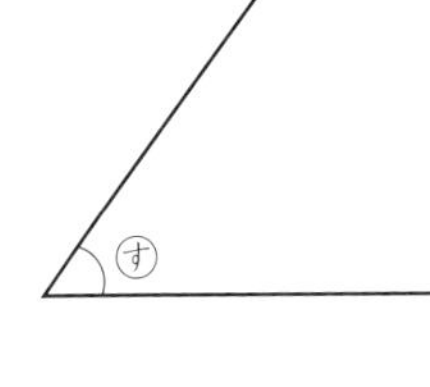


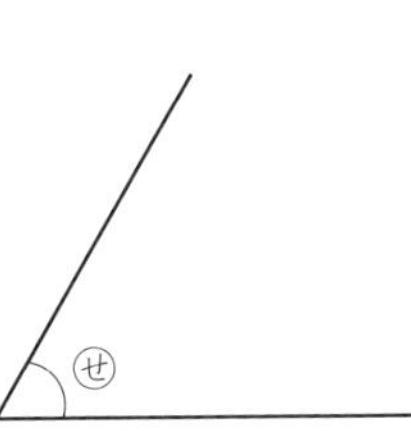


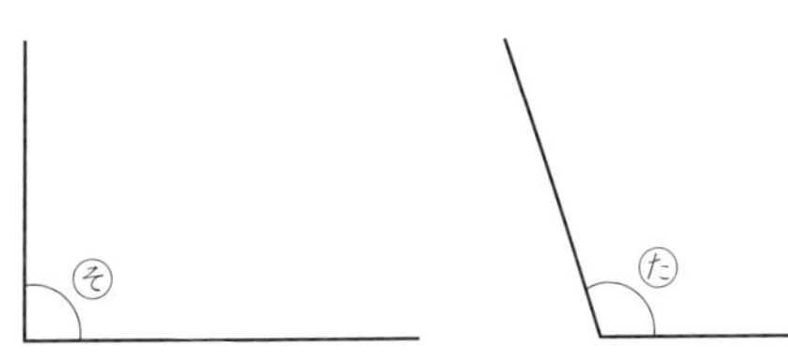


① 三角じょうぎの，ⓐの角と同じ大きさの角はどれですか。（　し　）

② 三角じょうぎの，ⓘの角と同じ大きさの角はどれですか。（　　）

③ 三角じょうぎの，ⓤの角と同じ大きさの角はどれですか。（　　）

④ 三角じょうぎの，ⓔの角と同じ大きさの角はどれですか。（　　）

⑤ 三角じょうぎの，ⓞの角と同じ大きさの角はどれですか。（　　）

⑥ 三角じょうぎの，ⓚの角と同じ大きさの角はどれですか。（　　）

**2** 三角じょうぎのかどをあてて しらべ，角の大きさの大きいじゅんに，(　) に1，2，3と番号（ばんごう）をかきましょう。 〔10点〕

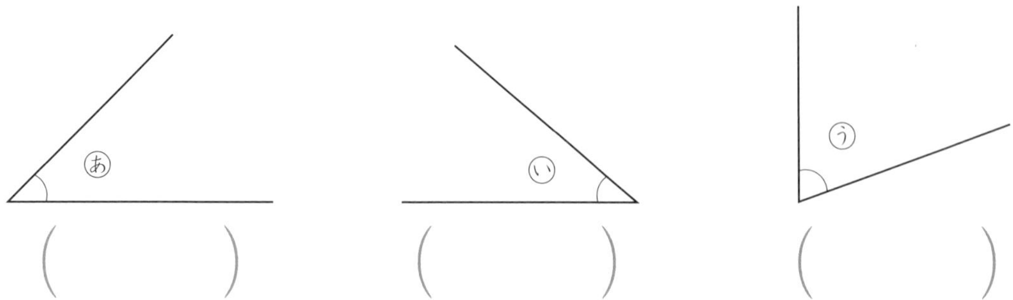


(　　)　(　　)　(　　)

**3** 下の三角形の角の中で，大きさが等（ひと）しいのはどの角とどの角ですか。うす紙をあてて角をうつしとってしらべ，それぞれの三角形について等（ひと）しい角ぜんぶを，あ～ふの記号（きごう）で答えましょう。 〔1もん　10点〕

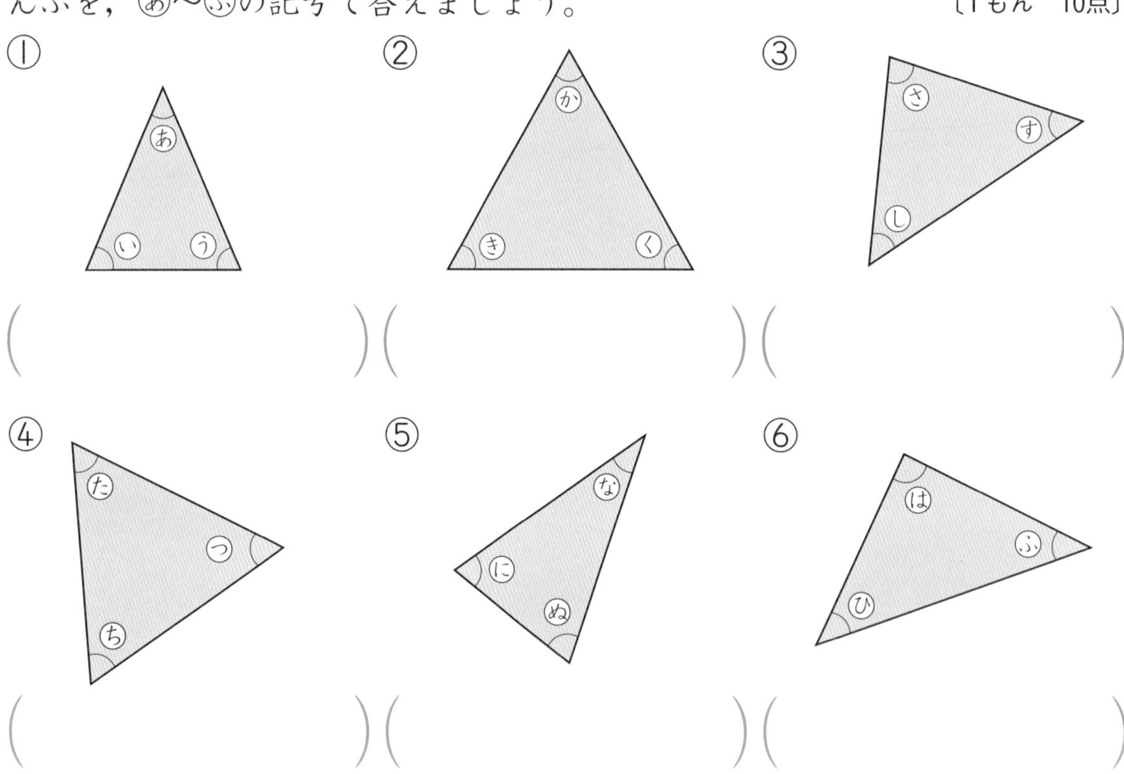


① (　　)　② (　　)　③ (　　)

④ (　　)　⑤ (　　)　⑥ (　　)

**おぼえておこう**

- 二等辺三角形（にとうへんさんかくけい）は，2つの角の大きさが等（ひと）しいです。
- 正三角形は，3つの角の大きさが等（ひと）しいです。



答えをかきおわったら見直しをして，まちがいを少なくしよう。

とく点　　　点

# 三角形と角 ④

月　日　名前

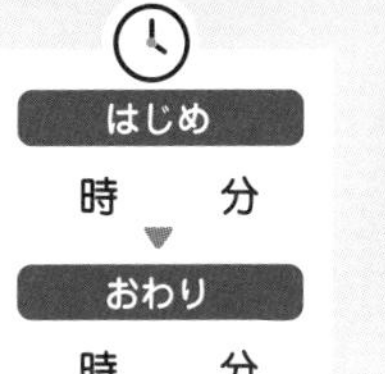

**1** 右の図を見て，㋐〜㋕の記号で答えましょう。〔1もん　7点〕

① 三角じょうぎで，㋐の角と同じ大きさの角はどれですか。（　　　）

② 三角じょうぎで，㋒の角と同じ大きさの角はどれですか。（　　　）

③ 三角じょうぎの角の中で，いちばん小さい角はどれですか。（　　　）

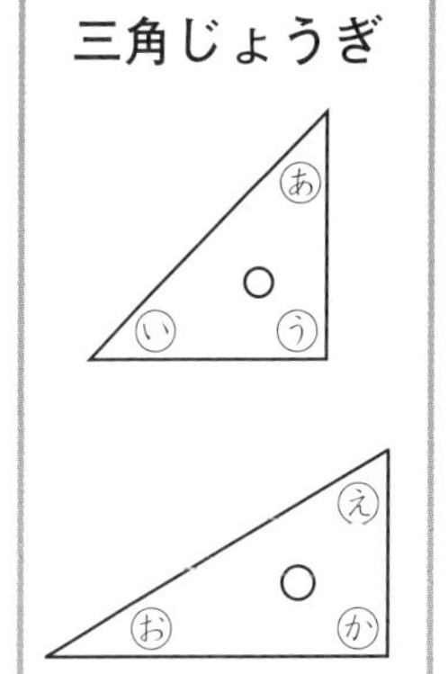


**2** 三角じょうぎを何まいかつかって，角の大きさをしらべています。下の図を見て，□にあてはまる数をかきましょう。〔1もん　8点〕

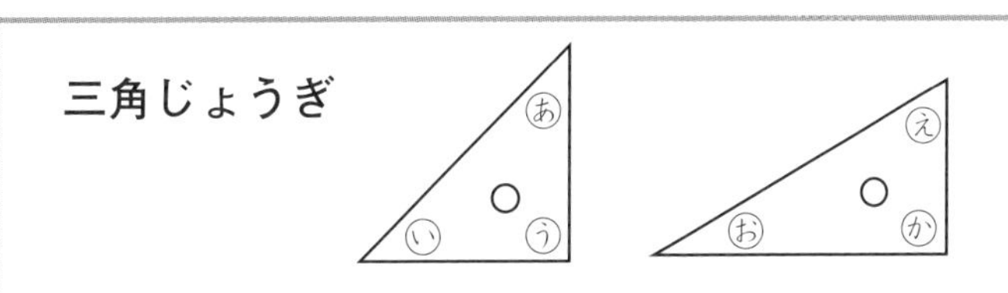


①

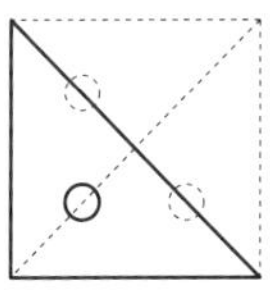

直角は，三角じょうぎの㋑の角の □ つ分の大きさです。

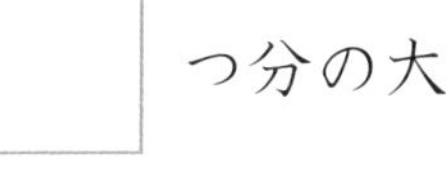

②

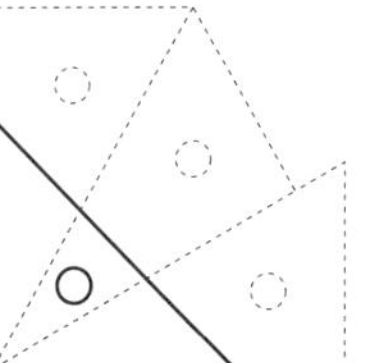

直角は，三角じょうぎの㋔の角の □ つ分の大きさです。

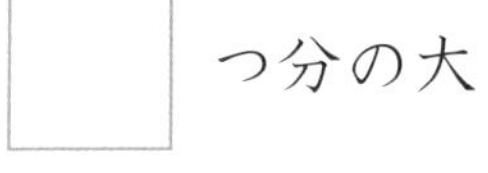

③

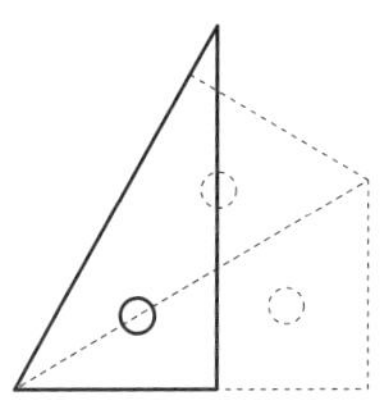

三角じょうぎの㋓の角は，㋔の角の □ つ分の大きさです。

**3** 〈れい〉のように三角じょうぎをつかって，角をかきましょう。〔1もん　10点〕

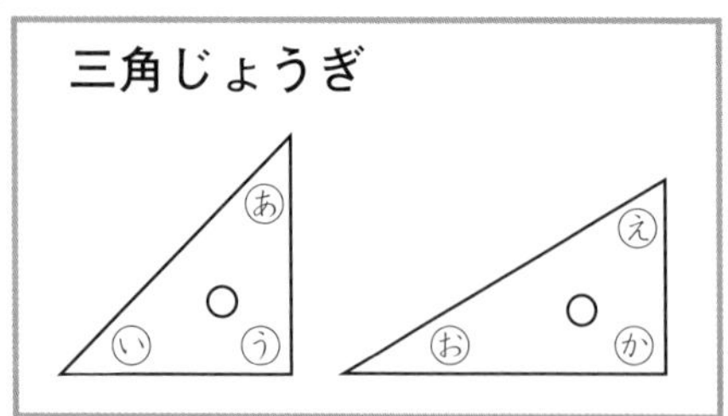


〈れい〉ⓘの角の2つ分の角

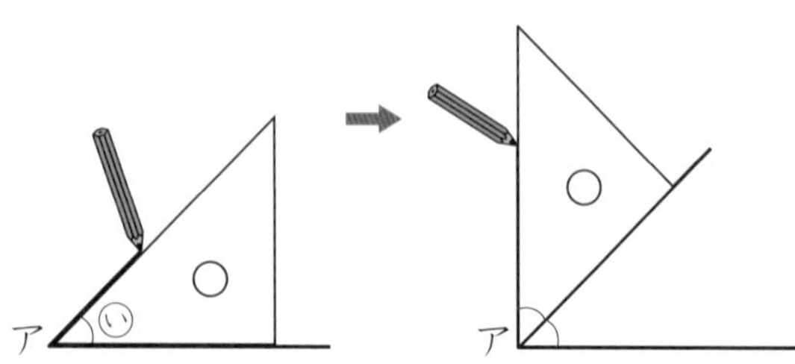


① 三角じょうぎのⓘの角の2つ分の角

ア

② 三角じょうぎのおの角の3つ分の角

ア

**4** 同じ形の2まいの三角じょうぎをならべて，形をつくりました。できた形の名前をかきましょう。〔1もん　7点〕

①

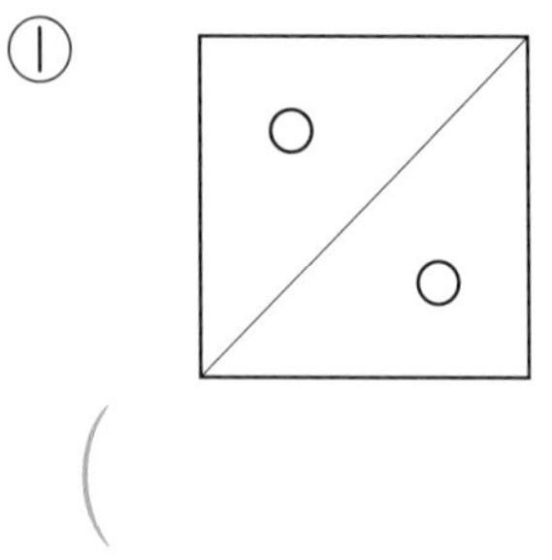

（　　　　　）

②

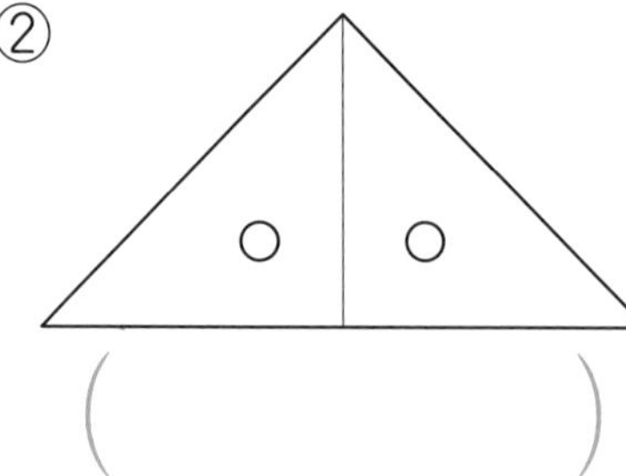

（　　　　　）

③

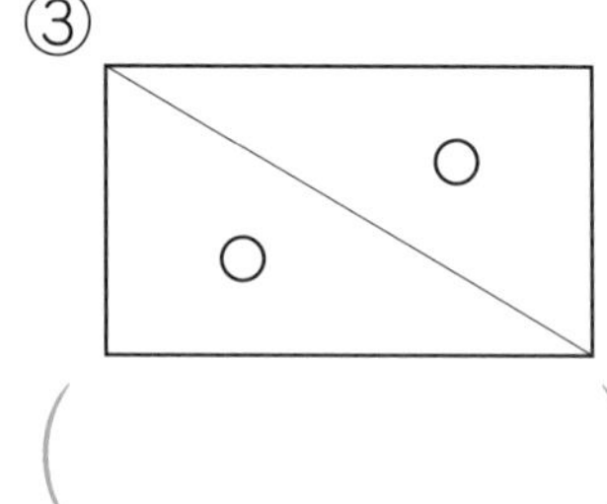

（　　　　　）

④

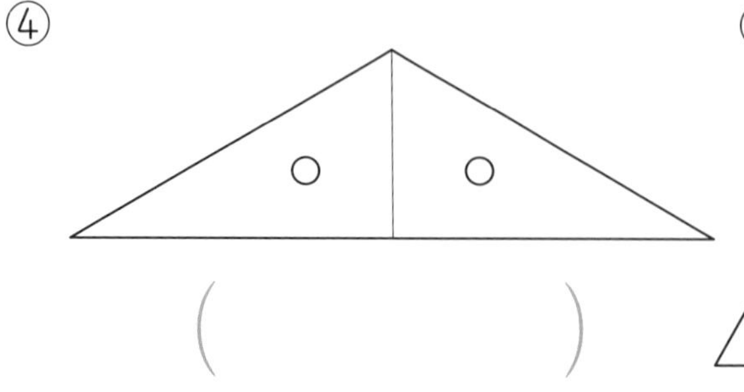

（　　　　　）

⑤

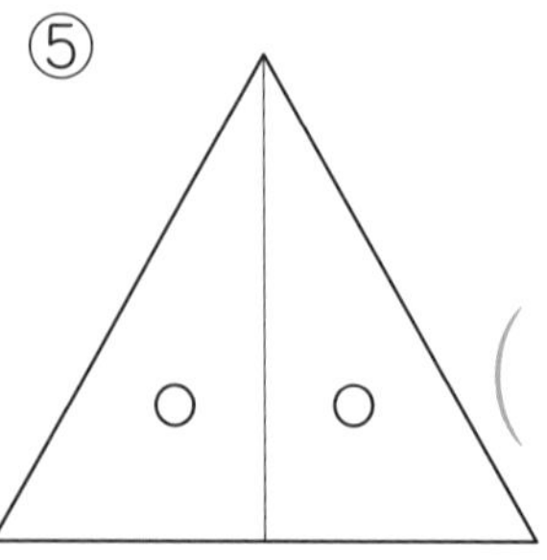

（　　　　　）



じっさいに三角じょうぎを組み合わせて，いろいろな形をつくってみよう。

とく点　　点

# ぼうグラフと表(ひょう) ①

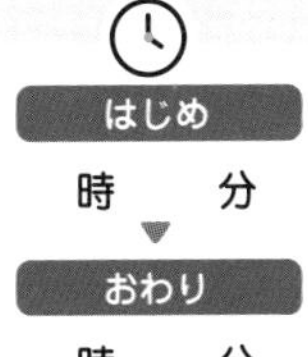

月　日　名前

**1** 教室で，すきなくだものしらべをしたら，せきのじゅんに，下のようになりました。

| | | | | |
|---|---|---|---|---|
| ㋐ メロン | ㋕ なし | ㋚ もも | ㋟ メロン | ㋤ みかん |
| ㋑ りんご | ㋖ みかん | ㋛ ぶどう | ㋠ みかん | ㋥ メロン |
| ㋒ ぶどう | ㋗ メロン | ㋜ りんご | ㋡ メロン | ㋦ ぶどう |
| ㋓ みかん | ㋘ メロン | ㋝ メロン | ㋢ りんご | ㋧ みかん |
| ㋔ メロン | ㋙ りんご | ㋞ みかん | ㋣ みかん | ㋨ メロン |

① くだもののしゅるいべつの人数をしらべるために，下の表(ひょう)に，「正」の字をかいて㋐のせきからじゅんに整理(せいり)します。㋐，㋑，㋒，㋓，㋔まで整理(せいり)しました。つづけて㋕から整理(せいり)しましょう。〔□1つ　5点〕

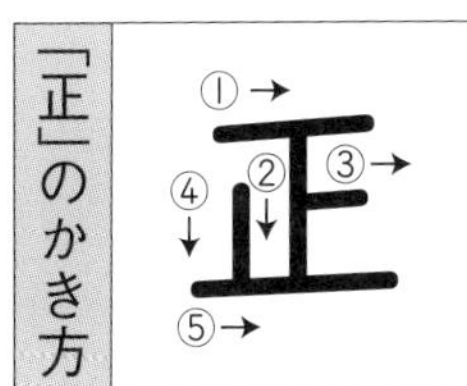


すきなくだものしらべ

| ぶどう | りんご | メロン | みかん | な　し | も　も |
|---|---|---|---|---|---|
| 一 | 一 | T | 一 | | |

② ①でしらべた，すきなくだものしらべの数を数字になおして，下の表(ひょう)に整理(せいり)しましょう。数の少ない，なしとももは「そのた」にまとめましょう。

〔□1つ　2点〕

すきなくだものしらべ

| しゅるい | ぶどう | りんご | メロン | みかん | そのた | 合　計 |
|---|---|---|---|---|---|---|
| 人数(人) | | | | | | |

**2** 3年1組で，せきのじゅんに，すきな本しらべをしました。

| ものがたり | 図　か　ん | ま　ん　が | ものがたり | で　ん　記 | ま　ん　が |
|---|---|---|---|---|---|
| ま　ん　が | ものがたり | ものがたり | 図　か　ん | 図　か　ん | ものがたり |
| 図　か　ん | ま　ん　が | ま　ん　が | ものがたり | ま　ん　が | 図　か　ん |
| ものがたり | で　ん　記 | 図　か　ん | ま　ん　が | ものがたり | ものがたり |
| ま　ん　が | ものがたり | ものがたり | で　ん　記 | ものがたり | 図　か　ん |
| 図　か　ん | ま　ん　が | ものがたり | 図　か　ん | ま　ん　が | ものがたり |

① せきのはしの人からじゅんに，すきな本のしゅるいべつの人数をしらべます。下の表(ひょう)に「正」の字をかいて，整理(せいり)しましょう。〔□1つ　6点〕

すきな本しらべ

| ものがたり | まんが | 図かん | でん記 |
|---|---|---|---|
| 一 | 一 | | |

② ①でしらべた，すきな本しらべの「正」の字を数字になおして，下の表(ひょう)に整理(せいり)しましょう。〔□1つ　5点〕

すきな本しらべ

| しゅるい | ものがたり | まんが | 図かん | でん記 | 合　計 |
|---|---|---|---|---|---|
| 人数(人) | | | | | |

③ 3年1組の人数は，何人ですか。〔5点〕

(　　　　)

④ どの本が，すきな人がいちばん多かったでしょうか。本のしゅるいをかきましょう。〔4点〕

(　　　　)



**かぞえおわったら，しるしをつけて，かぞえまちがいのないようにしよう。**

とく点　　点

# 39 ぼうグラフと表 ②

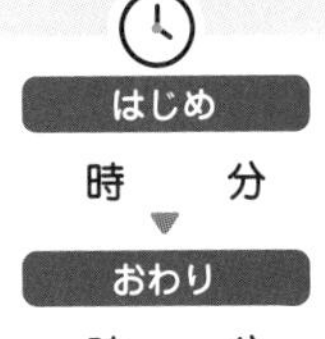

月 日 名前

**1** 右のようなグラフを「ぼうグラフ」といいます。ぼうグラフを見て，つぎのもんだいに答えましょう。 〔( )1つ 5点〕

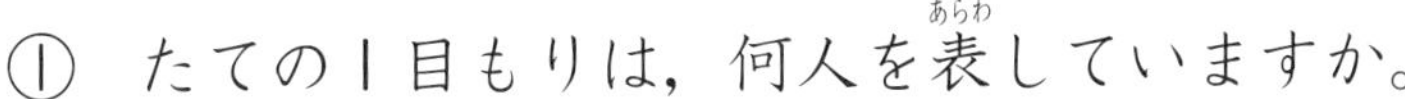

① たての1目もりは，何人を表していますか。

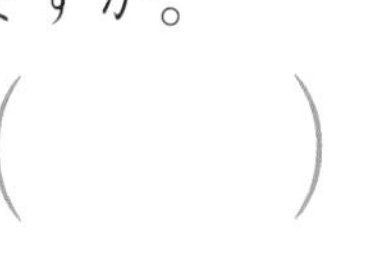

( )

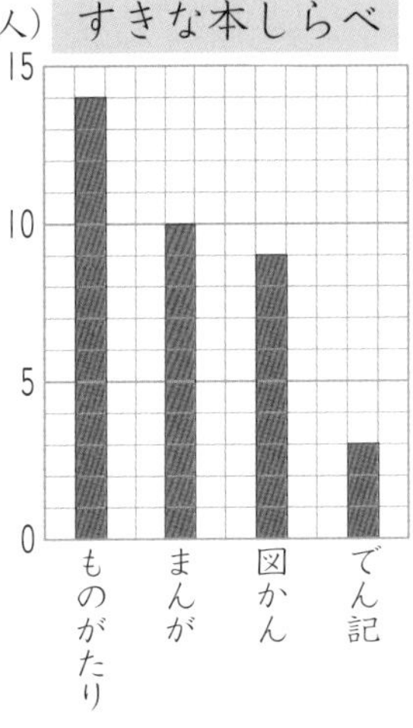


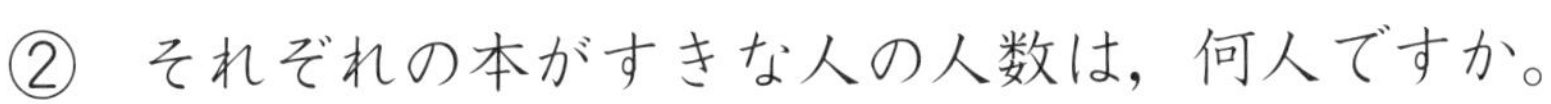

② それぞれの本がすきな人の人数は，何人ですか。

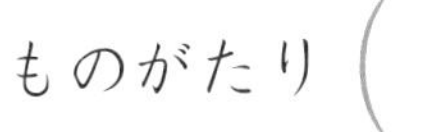

ものがたり ( ) まんが ( )

図かん ( ) でん記 ( )

③ ものがたりがすきな人と，まんががすきな人のちがいは何人ですか。

( )

④ 図かんがすきな人は，でん記がすきな人の何倍ですか。

( )

**2** 右のぼうグラフを見て答えましょう。 〔1もん 5点〕

① 1目もりは，何mを表していますか。 ( )

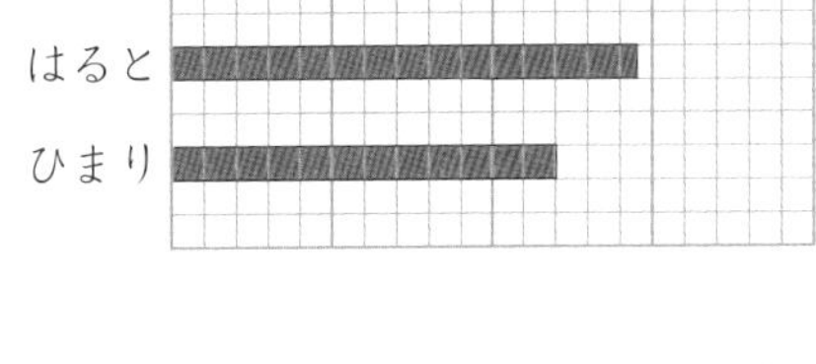


② それぞれ何mなげましたか。

みつき ( )

えいた ( )

はると ( ) ひまり ( )

③ みつきとえいたのちがいは，何mですか。

( )

**3** 右のぼうグラフを見て，つぎのもんだいに答えましょう。〔1もん　5点〕

① 1目もりは，何人を表していますか。（　　　）

② 東町に住んでいる人は，それぞれ何人ですか。

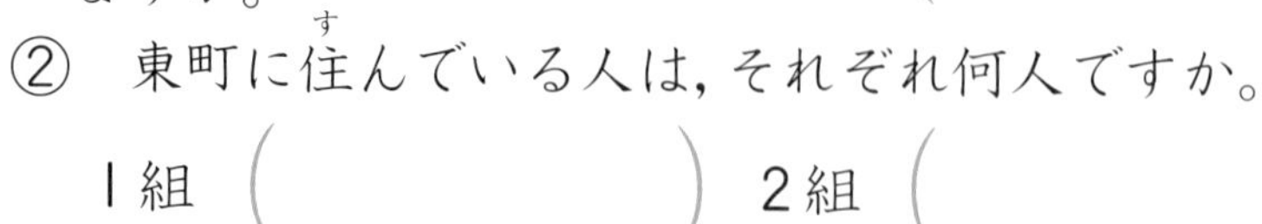

1組（　　　）　2組（　　　）

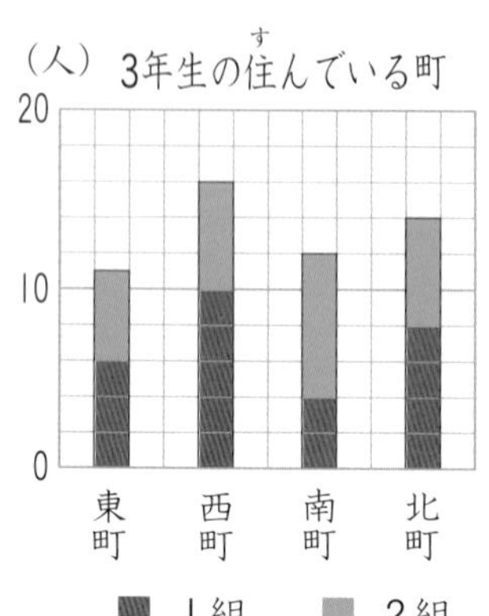


③ 3年生全体で住んでいる人がいちばん多いのは何町ですか。（　　　）

④ 2組で住んでいる人がいちばん多いのは何町ですか。（　　　）

**4** 下のグラフの1目もりは，どれだけの大きさを表していますか。たんいをよく見て（　）にかきましょう。また，ぼうの長さは，どれだけの数を表していますか。□にかきましょう。〔1もん　5点〕

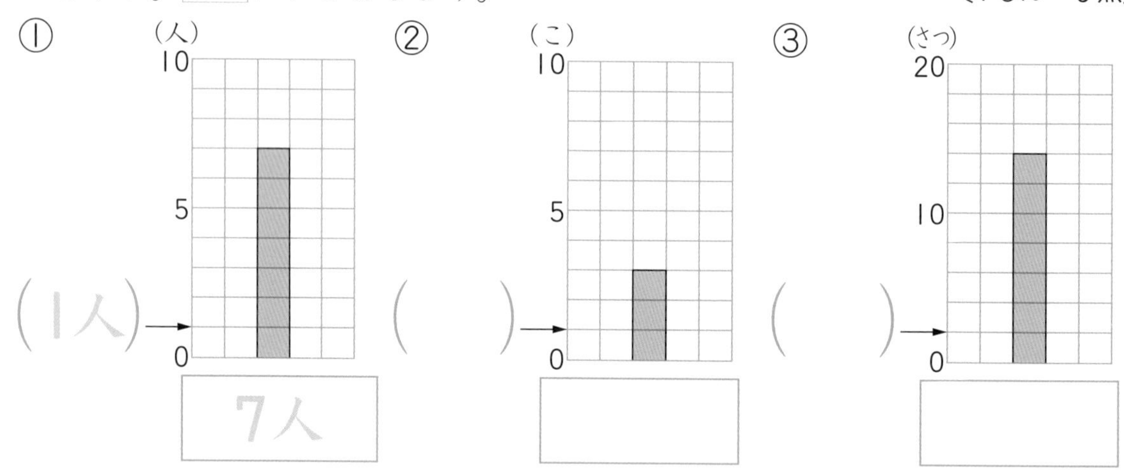


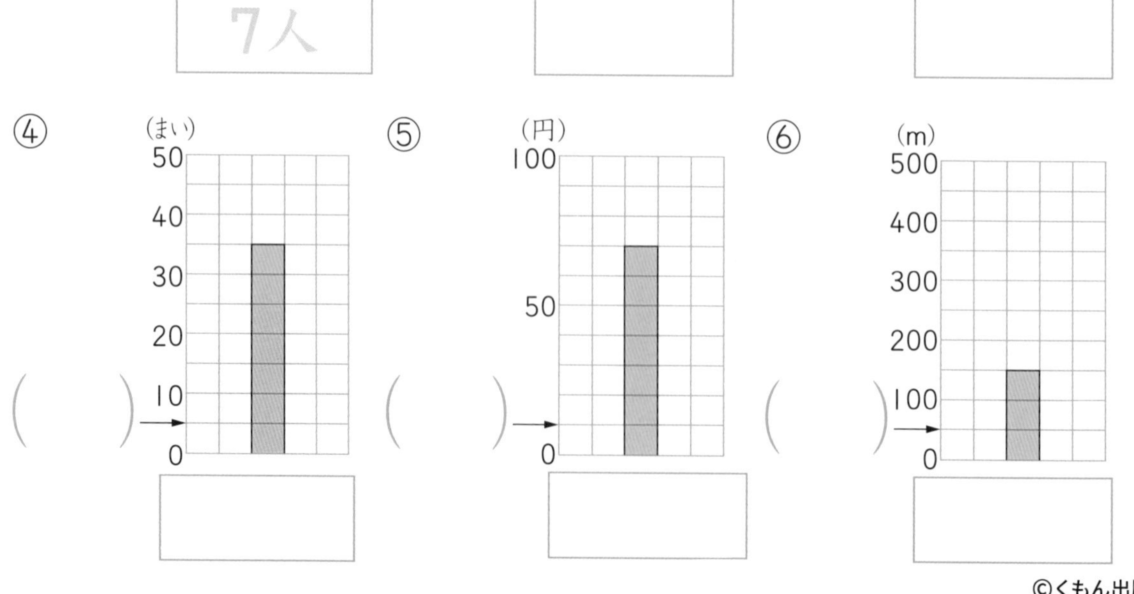




答えをかきおわったら見直しをして，まちがいを少なくしよう。

とく点　　点

# ぼうグラフと表 ③

月　日　名前

**1** すきな色しらべをして，表にまとめました。表を見て，ぼうグラフにかこうと思います。①～④のじゅんじょでグラフをかき，⑤に答えましょう。

すきな色しらべ

| 色 | 人数(人) |
|---|---|
| 赤 | 10 |
| 青 | 8 |
| 黄 | 11 |
| みどり | 12 |
| 茶 | 7 |

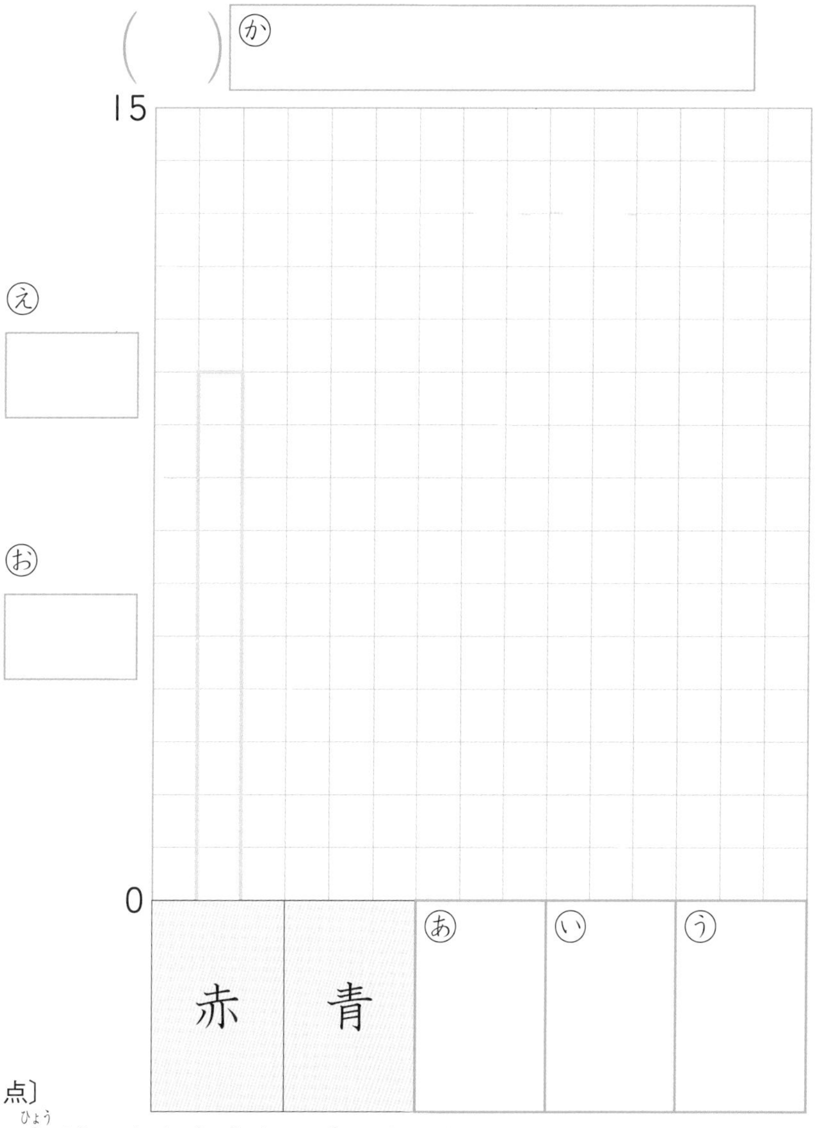

（　　）㋕

15

㋓

㋔

0

| 赤 | 青 | ㋐ | ㋑ | ㋒ |
|---|---|---|---|---|

① 横のじくの㋐㋑㋒の□に，色の名前をかきましょう。〔1つ　5点〕

② たてのじくの㋓㋔の□にあう数をかいて，上の（　）にたんいもかきましょう。〔1つ　5点〕

③ 人数にあわせて，ぼうをかきましょう。〔1つ　5点〕

④ 上の㋕の□に，表だいをかきましょう。〔5点〕

⑤ いちばんぼうが長い色は，何ですか。〔10点〕

（　　　　　　）

**2** すきなスポーツしらべをして，表(ひょう)にまとめました。表(ひょう)を見て，ぼうグラフにかこうと思います。つぎのようなじゅんじょで，ぼうグラフをかきましょう。

〔ぜんぶできて　30点〕

① 横(よこ)のじくの□にスポーツの名前をかきましょう。

② たてのじくの□に，いちばん多い人数が入るように，目もりをつけて，（　）にたんいもかきましょう。

③ 人数にあわせて，ぼうをかきましょう。

④ 表(ひょう)だいをかきましょう。

すきなスポーツしらべ

| スポーツ | 人数(人) |
|---|---|
| やきゅう | 19 |
| ドッジボール | 15 |
| 水えい | 16 |
| サッカー | 13 |
| かけっこ | 7 |

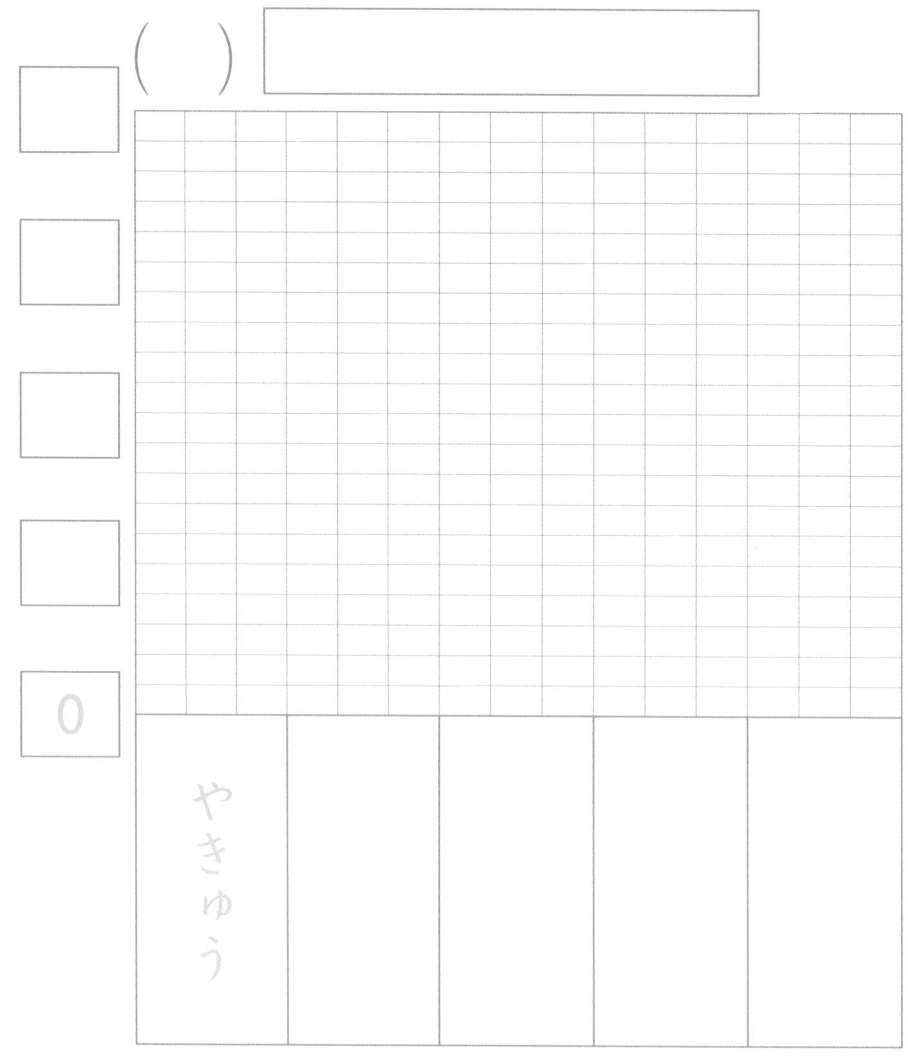




まちがえたもんだいは，もういちどやり直してみよう。

とく点　　点

# ぼうグラフと表(ひょう) ④

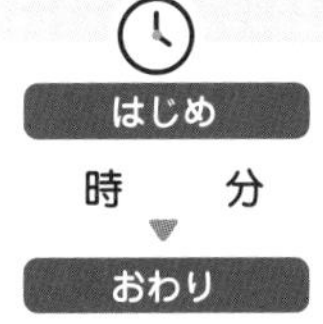

月　日　名前

**1** 3年1組，2組，3組で，4月から7月まで，毎月のけっせきしゃの合計をしらべて表(ひょう)をつくりました。〔1もん　7点〕

3年1組のけっせきしゃ

| 月 | 人数(人) |
|---|---|
| 4月 | 25 |
| 5月 | 13 |
| 6月 | 18 |
| 7月 | 8 |
| 合計 | ㊀ |

3年2組のけっせきしゃ

| 月 | 人数(人) |
|---|---|
| 4月 | 21 |
| 5月 | 10 |
| 6月 | 19 |
| 7月 | 11 |
| 合計 | ㋑ |

3年3組のけっせきしゃ

| 月 | 人数(人) |
|---|---|
| 4月 | 19 |
| 5月 | 17 |
| 6月 | 9 |
| 7月 | 10 |
| 合計 | ㋒ |

① それぞれの組のけっせきしゃの合計を，上の表(ひょう)の㋐～㋒のらんにかき入れましょう。

② 上の3つの表(ひょう)を，下のように1つの表(ひょう)にまとめます。下の表(ひょう)の㋓～㋞のらんに人数をかき入れましょう。

3年生のけっせきしゃ

| 組／月 | 1組(人) | 2組(人) | 3組(人) | 合計(人) |
|---|---|---|---|---|
| 4月 | 25 | ㋕ | ㋚ | ㋟ 65 |
| 5月 | 13 | ㋖ | ㋛ | ㋠ |
| 6月 | 18 | ㋗ | ㋜ | ㋡ |
| 7月 | ㋓ 8 | ㋘ | ㋝ | ㋢ |
| 合計(人) | ㋔ 64 | ㋙ | ㋞ | ㋣ |

③ 表(ひょう)の㋟～㋢のらんに，毎月のけっせきしゃの合計をかき入れましょう。

25+㋕+㋚です。

④ ㋣のらんに，3年生の4月から7月のけっせきしゃの合計をかき入れましょう。

**2** 3年１組，２組，３組で，すきな本を１人が１さつずつえらび，１つの表（ひょう）にまとめています。 〔1もん 9点〕

すきな本しらべ

| しゅるい＼組 | １組(人) | ２組(人) | ３組(人) | 合計(人) |
|---|---|---|---|---|
| ものがたり | 14 | 12 | 10 | ㋒ |
| まんが | 10 | 11 | 13 | ㋔ |
| 図かん | 9 | 7 | 10 | ㋕ |
| でん記 | 3 | 5 | 4 | ㋖ |
| 合計(人) | ㋐ | ㋑ | ㋒ | ㋗ |

① 3年２組で，まんががすきだと答えた人は何人ですか。 （　　　）

② 3年３組で，でん記がすきだと答えた人は何人ですか。 （　　　）

③ １組，２組，３組のそれぞれの合計人数を，表（ひょう）の下の㋐，㋑，㋒のらんにかき入れましょう。

④ 組の人数がいちばん少ないのは何組ですか。 （　　　）

⑤ 本のしゅるいべつの合計を，表（ひょう）の右の㋓〜㋖のらんにかき入れましょう。

⑥ 3年生全体（ぜんたい）では，どの本をすきな人がいちばん多いでしょうか。 （　　　）

⑦ 表（ひょう）の㋗のらんに数をかき入れましょう。

⑧ ㋗のらんの数字は，何を表（あらわ）す数ですか。 （　　　）



つぎは，しんだんテストだよ。もんだいをよく読んで答えよう。

とく点　　点

# 42 しんだんテスト ①

月　日　名前

**1** つぎの数をかん字は数字に，数字はかん字に直しましょう。〔1もん　3点〕

① 五千二百十万四千三百八十九　（　　　）

② 二百万千五　（　　　）

③ 百万二百三十　（　　　）

④ 99312625　（　　　）

⑤ 20080090　（　　　）

⑥ 75007500　（　　　）

**2** はかりのはりがさしている重さ（おも）をかきましょう。〔1もん　4点〕

①

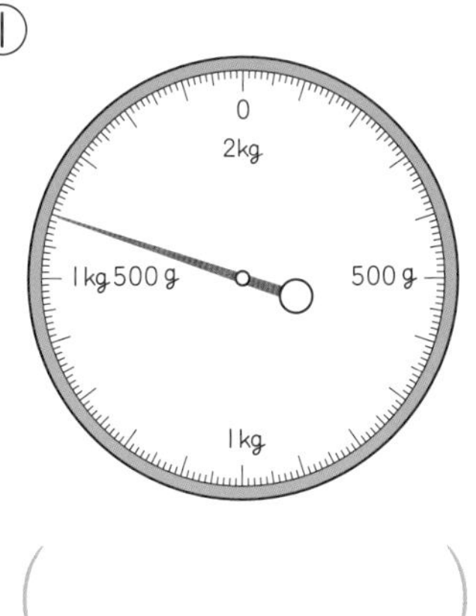


（　　　）

②

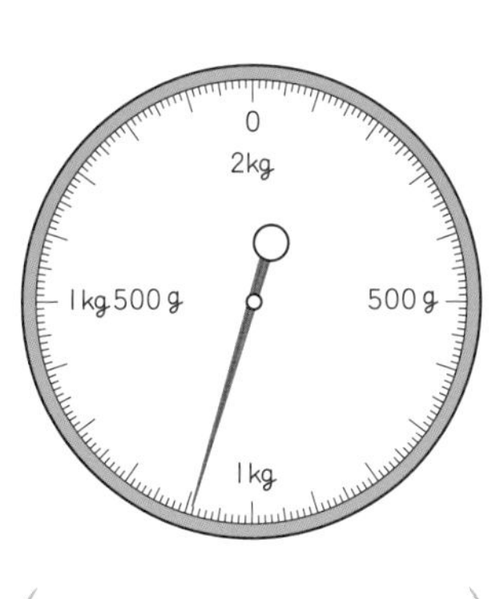


（　　　）

③

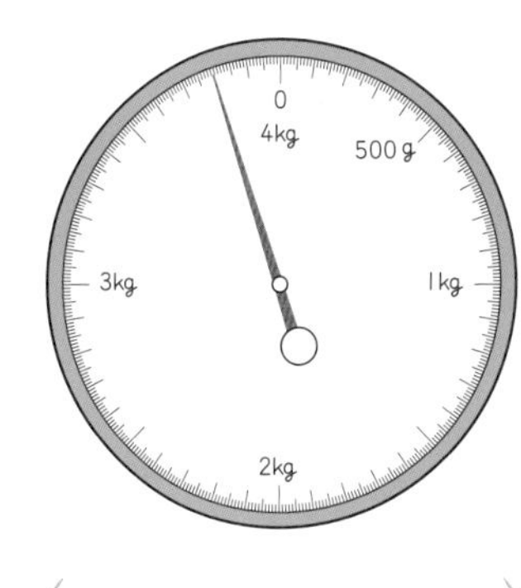


（　　　）

**3** 下の数直線の，↓の目もりにあてはまる小数をかきましょう。

〔□1つ　5点〕

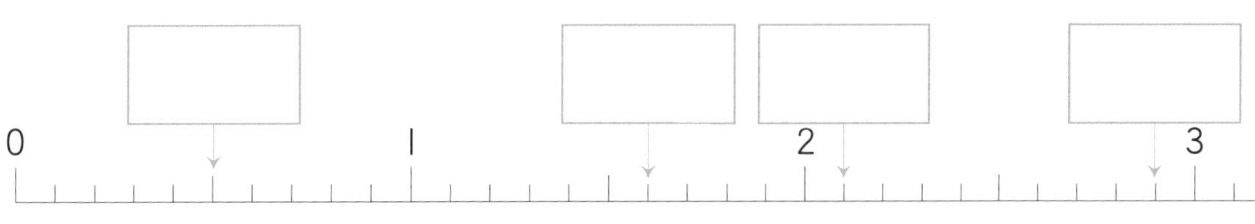

**4** 同じ大きさのボールが３こ，図のようにぴったりはこに入っています。

〔1もん　5点〕

① このボールの直径(ちょっけい)は，何cmですか。 (　　　　)

② このボールの半径(はんけい)は，何cmですか。 (　　　　)

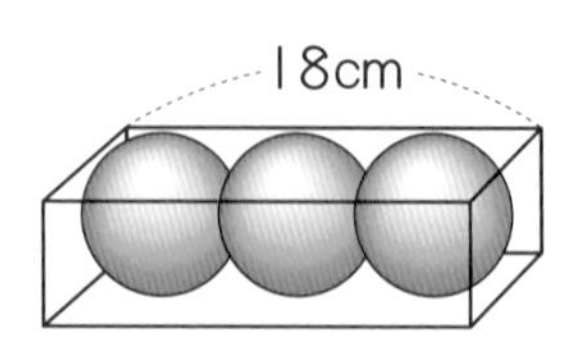


**5** 下の㋐～㋙の三角形の中から，二等辺三角形(にとうへんさんかくけい)と正三角形をぜんぶ見つけて，(　)に番号(ばんごう)をかきましょう。

〔ぜんぶできて　20点〕

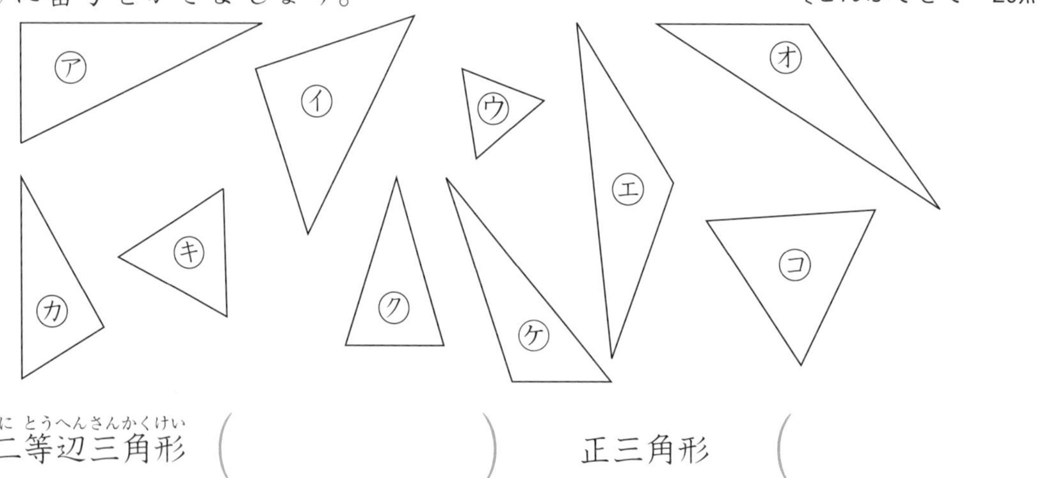


二等辺三角形(にとうへんさんかくけい) (　　　　)　正三角形 (　　　　)

**6** 下のぼうグラフは，１年間に読んだ本の数を表(あらわ)しています。つぎのもんだいに答えましょう。

〔1もん　5点〕

① １目もりは，何さつを表(あらわ)していますか。

(　　　　)

② それぞれ何さつずつ本を読みましたか。

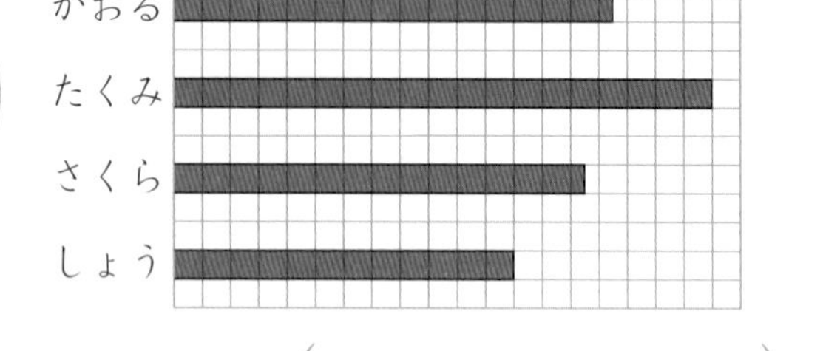


かおる (　　　　)　たくみ (　　　　)

③ かおるとさくらのちがいは何さつですか。 (　　　　)

④ いちばん多く読んだ人と少なかった人のちがいは何さつですか。 (　　　　)



まちがえたもんだいはやり直して，どこでまちがえたのか，よくたしかめておこう。

とく点　　点

# しんだんテスト ②

はじめ 時　分

おわり 時　分

月　日　名前

## 1 下の数直線で，↓が表す数を□の中にかきましょう。〔□1つ　3点〕

①

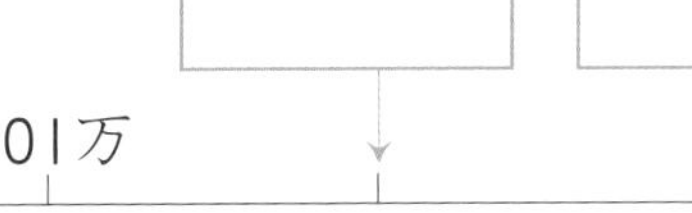

99万　101万　104万　105万

②

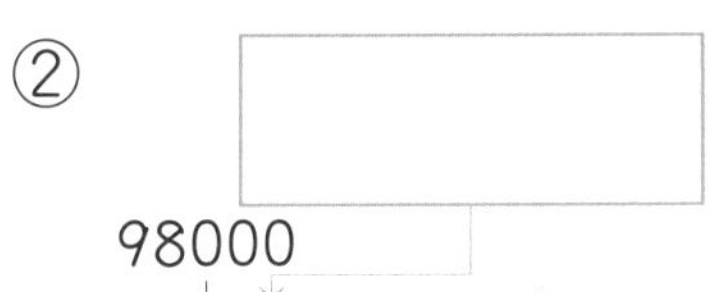

98000　99000　100000　101000

## 2 □にあてはまる数をかきましょう。〔1もん　3点〕

① 2km30m ＝ □ m

② 5km550m ＝ □ m

③ 8km ＝ □ m

④ 1km3m ＝ □ m

⑤ 2500m ＝ □ km □ m

⑥ 8510m ＝ □ km □ m

⑦ 6050m ＝ □ km □ m

⑧ 2000m ＝ □ km

## 3 左と右の数の大きさをくらべて，□にあてはまる等号(＝)か不等号(＞，＜)をかきましょう。〔1もん　3点〕

① $\frac{2}{8}$ □ $\frac{7}{8}$

② $\frac{7}{8}$ □ $\frac{5}{8}$

③ $\frac{2}{2}$ □ $\frac{6}{6}$

④ $\frac{4}{4}$ □ 1

⑤ $\frac{2}{5}$ □ $\frac{1}{5}$

⑥ $\frac{7}{9}$ □ $\frac{8}{9}$

**4** □にあてはまる数をかきましょう。 〔1もん　4点〕

① 6.8は，6とあと0.1を □ つあわせた数です。

② 3.5は，0.1を □ あつめた数です。

③ 6と，0.1を8つあわせた数は，□ です。

④ 0.1を71あつめた数は，□ です。

**5** ストップウォッチの長いはりは，60秒(びょう)(1分)で1まわりします。短(みじか)いはりは，何分すぎたかをさしています。つぎの図は，何分何秒(びょう)を表(あらわ)していますか。 〔1もん　4点〕

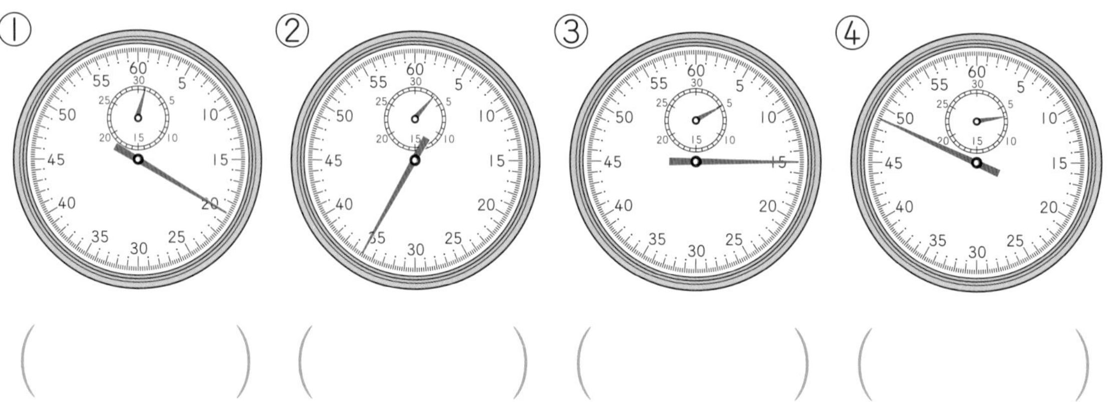

①（　　　）　②（　　　）　③（　　　）　④（　　　）

**6** 直径(ちょっけい)12cmの大きい円の中に，同じ大きさの小さい円が2つぴったり入っています。 〔1もん　4点〕

① 大きい円の半径(はんけい)は何cmですか。

（　　　）

② 小さい円の半径(はんけい)は何cmですか。

（　　　）

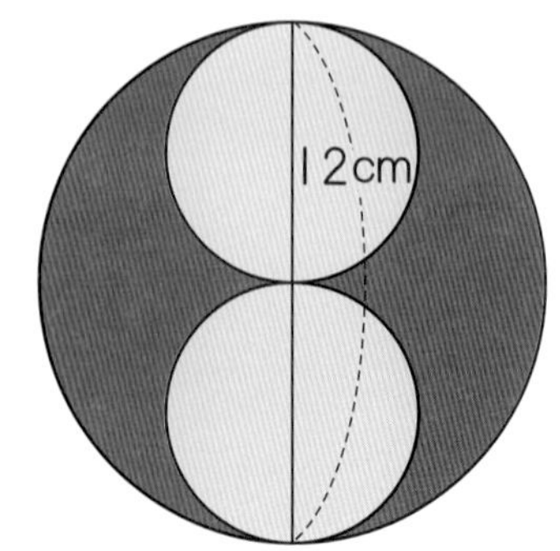




さいごまでよくがんばったね。できなかったところはふくしゅうしておこう。

とく点　　点

# 3年生　数・りょう・図形

※〔　〕は，ほかの答え方です。

## 1　2年生のふくしゅう ①　1・2ページ

**1** ①2624　②582　③7590
④10000　⑤4200　⑥6925
⑦9999　⑧8999　⑨1010
⑩5000

**2** ①午後０時20分
②午前７時58分

**3** ①９cm８mm　②11cm５mm

**4** ①１，１，1100　②１，６，1600
③25，２，５　④11，１，１

## 2　2年生のふくしゅう ②　3・4ページ

**1** ①(左から)700，2400，3600，5100
②(左から)4800，7100，7600，9900

**2** ①10，10　②午後４時50分
③午後１時30分

**3** ①正方形　②６つ
③12　④８つ

**4** ①(左から)７，４，９，６
②□(しかく)

**5** ①10　②92　③25　④１
⑤６，２　⑥146　⑦305
⑧１　⑨７，８　⑩２，65

**6** ①２，３，１　②１，３，２
③２，１，３　④２，３，１

## 3　大きな数 ①　5・6ページ

**1** ①9000　②10000
③11000　④10000
⑤20000　⑥22000

**2** ①25143　②36215　③40234
④51006

**3** ①79462　②52801　③45000
④90800　⑤30070

**ポイント**

**10000より大きい数を数えます。1000のたば，100のたば，10のたば，ばらの1が，それぞれいくつあるかを考えましょう。**

**とき方**

**1** ③　1000のたばが10＋1こで，11こです。1000のたばが10こで10000です。10000と1000で，あわせて11000まいです。

**2** ③　10000のたばが4こ，1000のたばが0こ，100のたばが2こ，10のたばが3こ，ばらの1が4こなので，40234まいです。

**3** ①　一万が7つで70000，千が9つで9000，百が4つで400，十が6つで60，一が2つで2，あわせると79462です。

## 4 大きな数 ②

7・8 ページ

**1** ①10000　②100000
③1000000　④10000000

**2** ①(左から)千，百，十，一
②(じゅんに)一万，十万，百万，千万
③百万　④千万　⑤十万

**3** ①七千二百八十四万
②七千二百八十四万二千五百十三
③八千六百三十一万
④八千六百三十一万四千二百五十
⑤四千五百万
⑥四千五百万六千七百
⑦三千九万
⑧三千九万二百

**4** ①86315462　②97240000
③10300000　④4025000
⑤3001070

**とき方**

**2** 　8けたの数のそれぞれの位は，下のようになっています。

| 千万の位 | 百万の位 | 十万の位 | 一万の位 | 千の位 | 百の位 | 十の位 | 一の位 |
|---|---|---|---|---|---|---|---|
| 2 | 6 | 3 | 4 | 5 | 7 | 9 | 1 |

## 5 大きな数 ③

9・10 ページ

**1** ①43570000　②60801020
③21760000　④85010000
⑤9300000

**2** ①51630000　②74820000
③96040000　④3900000

**3** ①千万　②十万

**4** ①7　②17　③170　④170
⑤1700　⑥35　⑦150000
⑧150403　⑨250720
⑩100000000

**ポイント**

**一万を10こあつめた数を十万，十万を10こあつめた数を百万，百万を10こあつめた数を千万といいます。**

**とき方**

**1** ③　千万が2つで20000000，百万が1つで1000000，十万が7つで700000，一万が6つで60000，あわせると21760000です。

**4** ③　170000は，100000と70000をあわせた数です。100000は1000を100こあつめた数，70000は1000を70こあつめた数です。

## 6 大きな数 ④

11・12 ページ

**1** ①(左から)6000，15000，24000，31000
②10000，90000，190000，250000
③1万，11万，34万，58万
④10万，270万，450万，560万
⑤100万，1900万，3300万，6100万

**2** ①(左から)100000，110000，130000
②28万，30万，31万
③99万，101万，103万
④19100，20100，21600
⑤99100，100300，101000

**3** ①100000　②100100
③99900

**ポイント**

**数直線の1目もりの大きさが，いくつを表しているのかを考えます。**

とき方

**1** ① 0から10000までを10等分しているので，1目もりは1000を表しています。

④ 0から100万までを10等分しているので，1目もりは10万を表しています。

**2** ① 右へ1目もりすすむと，10000大きくなります。

④ 1目もりは100を表しています。

## 7 大きな数 ⑤

13・14ページ

**1**

① 40000 (○)　4000 ( )

② 60000 ( )　100000 (○)

③ 200000 ( )　300000 (○)

④ 85000 ( )　90000 (○)

⑤ 290000 (○)　280000 ( )

⑥ 45000 ( )　47000 (○)

⑦ 38500 (○)　37500 ( )

⑧ 643000 ( )　644000 (○)

**2**

① (800000)　700000　(6000000)　90000　(1000000)

② (856000)　656000　(906000)　(956000)　698000

③ 755000　(759000)　(757000)　754000　(756001)

**3**

① 876539 (1)　867539 (3)　875639 (2)

② 99999 (3)　100200 (1)　100120 (2)

**4** ①>　②<　③>　④<

⑤>　⑥<　⑦>　⑧>

⑨<　⑩<　⑪<

**ポイント**

**数の大きさをくらべるときは，大きい位からじゅんにくらべていきます。>，<の記号を不等号といい，数の大小を表します。**

とき方

**1** ⑤ 十万の位はどちらも2なので，一万の位でくらべます。

⑧ 十万の位の数字，一万の位の数字が同じなので，千の位でくらべます。

## 8 大きな数 ⑥

15・16ページ

**1** ①100　②1000　③10000

④1100　⑤11100　⑥100

⑦5200　⑧52000　⑨1　⑩2

**2**

| もとの数 | 38 | 47 | 60 | 500 |
|---|---|---|---|---|
| 10倍した数 | 380 | 470 | 600 | 5000 |
| 100倍した数 | 3800 | 4700 | 6000 | 50000 |

| もとの数 | 945 | 106 | 120 | 790 |
|---|---|---|---|---|
| 10倍した数 | 9450 | 1060 | 1200 | 7900 |
| 100倍した数 | 94500 | 10600 | 12000 | 79000 |

**3** ①520　②52

**4** ①7　②8　③40　④300

⑤19　⑥61　⑦920　⑧902

**ポイント**

**ある数を10倍すると位が1つ上がり，もとの数の右に0を1つつけた数になります。一の位が0の数を10でわると位が1つ下がり，一の位の0をとった数になります。**

とき方

**1** ⑧ ある数を1000倍すると位が3つ上がり，もとの数の右に0を3つつけた数になります。

## 9　長さ ①　17・18ページ

**1** ①㋐　②㋓　③㋑　④㋒

⑤㋐　⑥㋒　⑦㋓　⑧㋐

**2** ①（左から）2cm，13cm，27cm

②4cm，16cm，28cm

③96cm，1m9cm，1m15cm

④1m85cm，1m94cm，2m7cm

⑤3m95cm，4m62cm

⑥9m69cm，10m25cm，11m5cm

**とき方**

**1**　まきじゃくは，長いものの長さや，まるいもののまわりの長さをはかるときにつかうとべんりです。

**2** ②　まきじゃくには，0の目もりがないものもあります。1目もりは1cmを表(あらわ)しているので，10cmの目もりから6目もり左にある目もりは4cm，10cmの目もりから6目もり右にある目もりは16cmを表(あらわ)しています。

⑤　1目もりは1cmを表(あらわ)しています。4mの左にある95cmの目もりは，3m95cmを表(あらわ)しています。4mの右にある62cmの目もりは，4m62cmを表(あらわ)しています。

## 10　長さ ②　19・20ページ

**1** ①1000m　⑪1km

②1005m　⑫1km400m

③1050m　⑬1km60m

④1500m　⑭1km850m

⑤1550m　⑮2km300m

⑥2000m　⑯2km50m

⑦2080m　⑰2km560m

⑧2400m　⑱3km

⑨2650m　⑲3km200m

⑩3180m　⑳3km650m

**2**

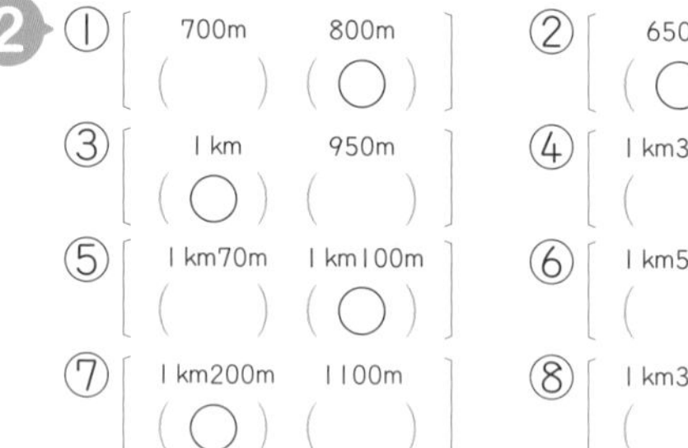

① 700m（　）　800m（○）

② 650m（○）　605m（　）

③ 1km（○）　950m（　）

④ 1km300m（　）　1km400m（○）

⑤ 1km70m（　）　1km100m（○）

⑥ 1km550m（　）　1km650m（○）

⑦ 1km200m（○）　1100m（　）

⑧ 1km350m（　）　1380m（○）

⑨ 1600m（○）　1km80m（　）

⑩ 2050m（　）　2km500m（○）

**3** ①

| 1km | 1100m | 1km10m | 990m |
|---|---|---|---|
| （3） | （1） | （2） | （4） |

②

| 1880m | 2km | 1km790m | 2050m |
|---|---|---|---|
| （3） | （2） | （4） | （1） |

**ポイント**

**1km＝1000mです。**

**とき方**

**1** ②　1km5m＝1km＋5m
＝1000m＋5m
＝1005m

⑫　1400m＝1000m＋400m
＝1km＋400m
＝1km400m

## 11 長さ ③

21・22ページ

**1** ① 1km400m ② 1km ③ 1km900m ④600m ⑤700m ⑥ 1km900m

**2** ①700m ②800m ③100m ④ 2km ⑤ 2km700m ⑥700m ⑦200m

**ポイント**

**「道のり」と「きょり」のちがいに気をつけましょう。1000m＝1kmです。**

とき方

**1** ③　あかりさんの家から図書かんまでの道のり(1km)と，図書かんから学校までの道のり(900m)をたします。
1km＋900m＝1km900m

⑥　あかりさんの家からしょうまさんの家までの道のり(1km200m)と，しょうまさんの家から学校までの道のり(700m)をたします。同じたんいどうしで計算します。
1km200m＋700m＝1km900m

**2** ③　道のり(800m)からきょり(700m)をひいてもとめます。
800m－700m＝100m

⑤　600m＋2100m＝2700m
2700m＝2km700m
もんだい文が「何km何mですか。」なので，2700mではなく，2km700mと答えます。

⑥　2700m－2000m＝700m

⑦　図書かんから公園までの道のりは，800m＋2100m＝2900mなので，もとめる道のりのちがいは，2900m－2700m＝200mです。

## 12 重(おも)さ ①

23・24ページ

**1** ①200g ②600g ③700g ④750g ⑤950g ⑥70g ⑦180g ⑧330g ⑨540g

**2** ①10g ②50g ③90g ④120g ⑤170g ⑥230g ⑦340g ⑧460g ⑨670g ⑩980g ⑪ 1kg

**ポイント**

**はかりの1目もりが何gを表(あらわ)しているかを，かくにんします。**

とき方

**1** 1kgまではかれるはかりです。いちばん小さい目もりは，0から100gの間を20等分(とうぶん)しているので，1目もりは5gを表(あらわ)しています。

**2** 2kgまではかれるはかりです。いちばん小さい目もりは，0から100gの間を10等分(とうぶん)しているので，1目もりは10gを表(あらわ)しています。

## 13 重(おも)さ ②

25・26ページ

**1** ①1000g ②1050g ③1500g ④2000g ⑤2010g ⑥2100g ⑦2800g ⑧3000g ⑨3040g ⑩3400g ⑪ 1kg ⑫ 1kg200g ⑬ 1kg60g ⑭ 2kg100g ⑮ 2kg80g ⑯ 2kg500g ⑰ 3kg ⑱ 3kg600g ⑲ 4kg ⑳ 4kg80g

**2**

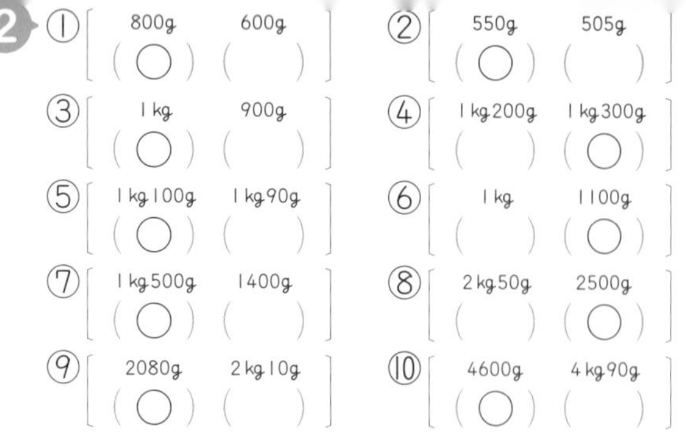


**3** ①［1kg（3）　1010g（2）　1kg100g（1）　990g（4）］

②［3kg700g（3）　4kg（1）　3800g（2）　3090g（4）］

**ポイント**

1kg＝1000g です。

**とき方**

**1** ② 1kg50g＝1kg＋50g
＝1000g＋50g
＝1050g

⑤ 2kg10g＝2kg＋10g
＝2000g＋10g
＝2010g

⑫ 1200g＝1000g＋200g
＝1kg＋200g
＝1kg200g

⑭ 2100g＝2000g＋100g
＝2kg＋100g
＝2kg100g

**2** ⑦ 1kg500g＝1kg＋500g
＝1000g＋500g
＝1500g

⑧ 2kg50g＝2kg＋50g
＝2000g＋50g
＝2050g

## 14 重（おも）さ ③

27・28 ページ

**1** ① 1kg200g　② 1kg700g
③ 1kg900g　④ 1kg350g
⑤ 1kg550g　⑥ 1kg60g
⑦ 1kg110g　⑧ 1kg730g

**2** ①100g　②800g　③ 1kg200g
④ 2kg350g　⑤ 3kg300g
⑥ 3kg850g

**とき方**

**2** 4kg まではかれるはかりです。0から500g の間を10等分（とうぶん）する目もりは，1目もりで50g を表（あらわ）しています。

## 15 重（おも）さ ④

29・30 ページ

**1** ㋐9kg　㋑26kg
㋒42kg400g　㋓67kg600g

**2** ①24kg　②49kg500g

**3** ①50g　②150g　③350g
④660g　⑤920g　⑥ 1kg120g

**とき方**

**1** いちばん小さい目もりは，0から1kg（＝1000g）の間を5等分（とうぶん）しているので，1目もりは200g を表（あらわ）しています。

**2** ② いちばん小さい目もりは，5kg を10等分（とうぶん）しているので，1目もりは500g を表（あらわ）しています。

**3** ① いちばん小さい目もりは，0から100g の間を10等分（とうぶん）しているので，1目もりは10g を表（あらわ）しています。

⑤ いちばん小さい目もりは，0から100g の間を5等分（とうぶん）しているので，1目もりは20g を表（あらわ）しています。

## 16 重さ ⑤ 31・32ページ

**1** ①1000kg ②1800kg ③1020kg ④2000kg ⑤2300kg ⑥3000kg ⑦3700kg ⑧4200kg ⑨4090kg ⑩3850kg
⑪1t ⑫1t700kg ⑬1t40kg ⑭2t500kg ⑮2t10kg ⑯3t ⑰3t50kg ⑱4t800kg ⑲5t ⑳5t200kg

**2** ①1000g
②1kg
③1000kg ④1t ⑤2t700kg ⑥1kg200g
⑦3500kg ⑧7200g ⑨5kg800g ⑩2t30kg

**3**
① [ 300kg（　） 500kg（○） ]
② [ 750kg（○） 705kg（　） ]
③ [ 1t（○） 900kg（　） ]
④ [ 1t50kg（○） 1t20kg（　） ]
⑤ [ 1t200kg（○） 1t150kg（　） ]
⑥ [ 1t50kg（　） 1500kg（○） ]
⑦ [ 2300kg（○） 2t100kg（　） ]
⑧ [ 3t700kg（　） 3900kg（○） ]
⑨ [ 4t10kg（　） 4050kg（○） ]
⑩ [ 2400kg（○） 2t30kg（　） ]

**ポイント**

**1t＝1000kgです。**

とき方

**1** ② 1t800kg＝1t＋800kg
＝1000kg＋800kg
＝1800kg

⑬ 1040kg＝1000kg＋40kg
＝1t＋40kg
＝1t40kg

## 17 たんいのかんけい 33・34ページ

**1**

| 長さ | 1mm | 1cm | (10cm) | 1m | (10m) | (100m) | 1km |
|---|---|---|---|---|---|---|---|
| たんいのかんけい | 1mm→1cm 10倍、1cm→1m（100）倍、1mm→1m（1000）倍、1m→1km（1000）倍 | | | | | | |

**2**

| かさ | 1mL | (10mL) | 1dL | 1L |
|---|---|---|---|---|
| たんいのかんけい | 1mL→1dL（100）倍、1dL→1L（10）倍、1mL→1L（1000）倍 | | | |

**3**

| 重さ | 1g | 1kg | 1t |
|---|---|---|---|
| たんいのかんけい | 1g→1kg（1000）倍、1kg→1t（1000）倍 | | |

**4** ①1000 ②m ③1000 ④kg

**5** ①30 ②500 ③8000 ④6000 ⑤40 ⑥200 ⑦7000 ⑧9000 ⑨15000 ⑩4000
⑪2 ⑫7 ⑬4 ⑭9 ⑮3 ⑯8 ⑰6 ⑱3 ⑲8 ⑳12

**ポイント**

**mmやmLから，m(ミリ)をとると，1000倍になります。**
**mやgの前にk(キロ)がつくと，1000倍になります。k(キロ)は，1000倍を表します。**

とき方

**1** 1mは100cm，1mは1000mm，1kmは1000mです。
**2** 1dLは100mL，1Lは10dL，1Lは1000mLです。
**3** 1kgは1000g，1tは1000kgです。

## 18 分　数　①

35・36ページ

**1** ①

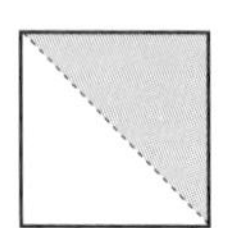

②

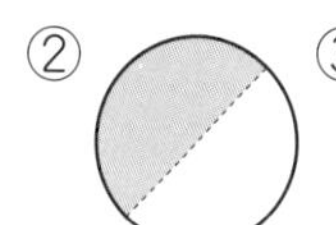

③

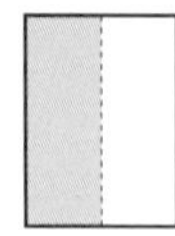

④

⑤

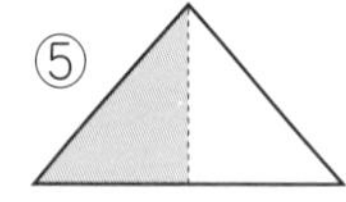

（点線のどちらがわに色をぬってもまちがいではありません。）

**2** ① $\frac{1}{2}$　② $\frac{1}{3}$　③ $\frac{1}{4}$　④ $\frac{1}{4}$

⑤ $\frac{1}{5}$　⑥ $\frac{1}{6}$　⑦ $\frac{1}{7}$

**3** ① $\frac{1}{2}$　② $\frac{1}{3}$　③ $\frac{1}{4}$　④ $\frac{1}{5}$　⑤ $\frac{1}{6}$

**4** ① $\frac{1}{2}$　② $\frac{1}{3}$　③ $\frac{1}{4}$

④ $\frac{1}{6}$　⑤ $\frac{1}{8}$　⑥ $\frac{1}{10}$

**ポイント**

**1つ分が全体（ぜんたい）を何等分（とうぶん）しているかを考えます。**

**とき方**

**2** ②　全体（ぜんたい）を3等分（とうぶん）した1つ分は $\frac{1}{3}$ です。

**3** ①　1mを2等分（とうぶん）した1つ分は $\frac{1}{2}$ mです。

③　1mを4等分（とうぶん）した1つ分は $\frac{1}{4}$ mです。

**4** ①　1Lを2等分（とうぶん）した1つ分は $\frac{1}{2}$ Lです。

④　1Lを6等分（とうぶん）した1つ分は $\frac{1}{6}$ Lです。

## 19 分　数　②

37・38ページ

**1** ① $\frac{3}{5}$　② $\frac{4}{5}$　③ $\frac{5}{6}$　④ $\frac{2}{7}$　⑤ $\frac{4}{7}$　⑥ $\frac{3}{6}$

⑦ $\frac{5}{8}$　⑧ $\frac{2}{9}$

**2** ① $\frac{1}{4}$　② $\frac{2}{4}$　③ $\frac{3}{4}$　④ $\frac{2}{5}$　⑤ $\frac{4}{5}$

**3** ① $\frac{2}{6}$　② $\frac{4}{6}$　③ $\frac{7}{8}$　④ $\frac{3}{10}$

⑤ $\frac{5}{9}$　⑥ $\frac{2}{3}$　⑦ $\frac{4}{7}$　⑧ $\frac{9}{10}$

**とき方**

**1** ①　1つのものを同じ大きさに5つに分けた1つ分は $\frac{1}{5}$ です。$\frac{1}{5}$ の3つ分は $\frac{3}{5}$ です。

**2** ②　全体（ぜんたい）を4等分（とうぶん）した1つ分は $\frac{1}{4}$ です。$\frac{1}{4}$ の2つ分は $\frac{2}{4}$ です。

**3** ①　1mを6等分（とうぶん）した1つ分は $\frac{1}{6}$ mです。$\frac{1}{6}$ mの2つ分は $\frac{2}{6}$ mです。

⑥　1Lを3等分（とうぶん）した1つ分は $\frac{1}{3}$ Lです。$\frac{1}{3}$ Lの2つ分は $\frac{2}{3}$ Lです。

## 20 分　数　③　39・40 ページ

**1** ① $\frac{2}{5}$　② $\frac{3}{5}$　③ $\frac{1}{5}$　④ $\frac{1}{5}$　⑤ 4　⑥ 5

⑦ 1　⑧ $\frac{1}{5}$

**2** ①（左から）$\frac{2}{6}$，$\frac{5}{6}$　② $\frac{2}{7}$，$\frac{4}{7}$

③ $\frac{3}{10}$，$\frac{7}{10}$

**3** ① $\frac{4}{6}$　② $\frac{6}{6}$，1　③ $\frac{6}{7}$　④ 7

⑤ 6　⑥ $\frac{10}{10}$，1

**とき方**

**1** ⑦　$\frac{1}{5}$mの5つ分の長さは$\frac{5}{5}$mで，1mと同じ長さです。

**2** ①　0と1の間を6等分しているので，1目もりは$\frac{1}{6}$を表しています。$\frac{1}{6}$の2つ分は$\frac{2}{6}$，5つ分は$\frac{5}{6}$です。

**3** ②　$\frac{1}{6}$mの6つ分の長さは$\frac{6}{6}$mで，1mと同じ長さです。

## 21 分　数　④　41・42 ページ

**1** ① 4　② 5　③ $\frac{5}{10}$　④ 10　⑤ $\frac{9}{10}$

⑥ 1

**2** ① 2　② 3　③ $\frac{1}{9}$　④ $\frac{1}{9}$　⑤ $\frac{9}{9}$　⑥ 1

**3** ① $>$　② $<$　③ $>$　④ $=$　⑤ $<$　⑥ $>$

⑦ $>$　⑧ $=$　⑨ $<$　⑩ $>$　⑪ $=$　⑫ $=$

**4** ① $\frac{3}{4}$m　② $\frac{4}{5}$dL　③ $\frac{7}{7}$L　④ $\frac{6}{8}$L

**ポイント**

**分母が同じ分数では，分子が大きいほうが大きい数です。**

**とき方**

**1** ③　数直線では，数は右へいくほど大きくなります。

**3** ①　分母が9で同じなので，分子どうしでくらべます。

**4** ①　$\frac{1}{4}$mの3つ分の長さは$\frac{3}{4}$mで，$\frac{1}{4}$mの2つ分の長さは$\frac{2}{4}$mです。

## 22 小　数　①　43・44 ページ

**1** ① 0.3　② 0.4　③ 0.5　④ 0.6

⑤ 0.7　⑥ 0.8　⑦ 0.9　⑧ 0.2

⑨ 0.1　⑩ 0.2　⑪ 0.9　⑫ 0.5

⑬ 0.7　⑭ 0.6　⑮ 0.4　⑯ 0.8

**2** ① 0.1　② 0.2　③ 0.6　④ 0.9

⑤ 1.1　⑥ 1.2　⑦ 1.5　⑧ 1.7

⑨ 2.1　⑩ 2.3　⑪ 2.4　⑫ 2.8

⑬ 4.9

**ポイント**

**1を10等分した1つ分は，分数では$\frac{1}{10}$と表し，小数では0.1と表します。**

**とき方**

**2** ①　1dLを10等分した1つ分のかさは0.1dLです。

②　0.1dLの2つ分なので，0.2dLです。

⑤　1dLと0.1dLだから，あわせて1.1dLです。

⑩　1dLが2つと0.3dLだから，あわせて2.3dLです。

## 23 小　数　②
45・46ページ

**1** ①26，0，9

②$\frac{1}{2}$，$\frac{4}{10}$

③2.6，0.5，1.9

**2** ①3，6　②4，5　③7　④6.2

⑤9.7

**3** ①1.5　②10　③15

**4** ①9　②19　③1　④21

⑤2.7　⑥2.7　⑦3.4　⑧5.8

**ポイント**

**1は0.1を10あつめた数です。**

**とき方**

**4** ②　1.9は1と0.9をあわせた数です。1は0.1を10あつめた数，0.9は0.1を9あつめた数なので，1.9は0.1を19あつめた数です。

⑥　0.1を20あつめた数は2，0.1を7つあつめた数は0.7なので，0.1を27あつめた数は，2と0.7をあわせて2.7です。

## 24 小　数　③
47・48ページ

**1** ①（左から）0.1，0.6，1.4，1.9

②0.2，1.1，2.2，2.8

③0.4，1.3，2.5，3.9

④0.3，1.7，2.6，4.4

**2**

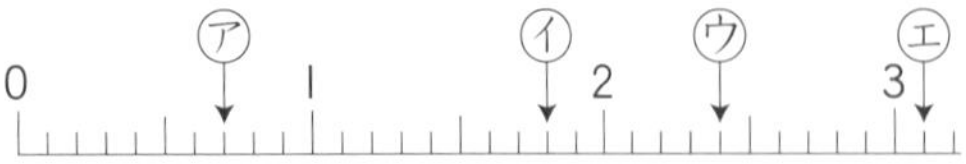


**3** ①>　②<　③<　④>　⑤<　⑥>

⑦>　⑧<

**4** ①<　②>　③>　④>　⑤<　⑥<

⑦>　⑧>　⑨>　⑩<

**とき方**

**4**　一の位（くらい）の数，$\frac{1}{10}$の位（くらい）（小数第1位（だい い））の数と，じゅんに大きさをくらべます。

## 25 小　数　④
49・50ページ

**1** ①10　②5　③4　④1

⑤6　⑥8　⑦0.1　⑧0.5

⑨0.6　⑩0.9　⑪0.3　⑫1

**2** ①11　②1，1　③15　④1，5

⑤1.3　⑥1，3　⑦2.5　⑧2，5

**3** ①100　②50　③30　④0.6

**4** ①10　②5　③1　④4　⑤1

⑥0.9　⑦0.3　⑧0.5　⑨0.1　⑩0.8

**5** ①11　②1，1　③14　④1，4

⑤17　⑥1.7　⑦25　⑧2.5

⑨1100　⑩1，100　⑪1300　⑫1，300

**ポイント**

**10mm＝1cm，1mm＝0.1cmです。**

**10dL＝1L，1dL＝0.1Lです。**

**とき方**

**2** ④　0.5cm＝5mmなので，1.5cm＝1cm5mm

⑤　3mm＝0.3cmなので，13mm＝1.3cm

**5** ④　0.4L＝4dLなので，1.4L＝1L4dL

⑥　7dL＝0.7Lなので，1L7dL＝1.7L

## 26 小　数　⑤

51・52 ページ

**1**

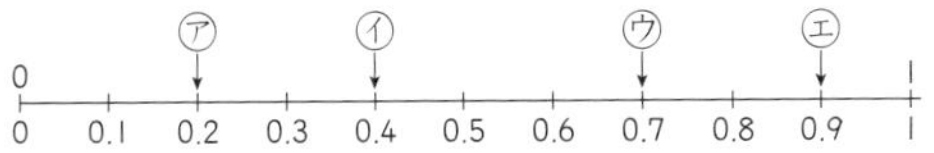


**2**

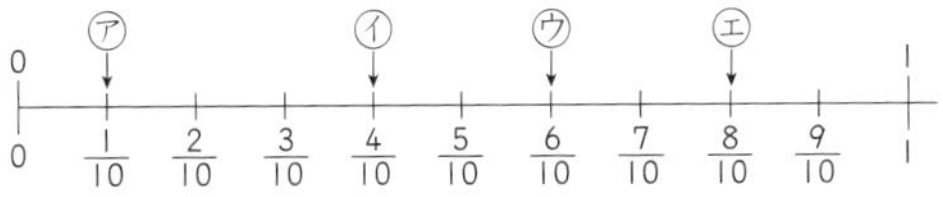


**3** ①<　②<　③<　④>

**4** ①=　②<　③>　④>

⑤<　⑥<　⑦>　⑧<

⑨=　⑩>

**ポイント**

**小数と分数の大きさをくらべるときは，小数か分数のどちらかにそろえてくらべます。数直線をつかってくらべてもよいです。**

とき方

**4** ②　$\frac{1}{10}$=0.1として，0.1と0.2で大きさをくらべるか，0.2=$\frac{2}{10}$として，$\frac{1}{10}$と$\frac{2}{10}$で大きさをくらべます。

## 27 時こくと時間　①

53・54 ページ

**1** ① 1秒　② 5秒　③10秒

④15秒　⑤20秒　⑥25秒

⑦30秒　⑧40秒　⑨50秒

**2** ① 1分30秒　② 1分10秒　③ 1分40秒

④ 1分42秒　⑤ 2分5秒　⑥ 2分10秒

⑦ 2分20秒　⑧ 2分36秒　⑨ 3分15秒

⑩ 3分17秒　⑪ 3分40秒

## 28 時こくと時間　②

55・56 ページ

**1** ①60　②61　③70　④75

⑤90　⑥110　⑦76　⑧79

⑨98　⑩102　⑪120　⑫140

⑬150　⑭165　⑮132　⑯148

⑰180　⑱190　⑲200　⑳210

㉑195　㉒225

**2** ①1，10　②1，20　③1，30

④1，40　⑤1，15　⑥1，25

⑦1，35　⑧1，45　⑨1，28

⑩1，32　⑪2　⑫3

⑬2，10　⑭3，10　⑮2，20

⑯3，20

**3**

①

| | | | |
|---|---|---|---|
| 2分 | 20秒 | 1分 | 110秒 |
| (4) | (1) | (2) | (3) |

②

| | | | |
|---|---|---|---|
| 13分 | 130秒 | 3分 | 2分20秒 |
| (4) | (1) | (3) | (2) |

③

| | | | |
|---|---|---|---|
| 1分5秒 | 55秒 | 5分 | 95秒 |
| (2) | (1) | (4) | (3) |

**ポイント**

**1分=60秒です。**

とき方

**1** ②　1分1秒=60秒+1秒=61秒

⑪　2分=60秒+60秒=120秒

⑰　3分=60秒+60秒+60秒=180秒

**2** ⑬　130秒=120秒+10秒=2分10秒

⑭　190秒=180秒+10秒=3分10秒

**3** ①　2分=120秒，1分=60秒

②　130秒=2分10秒

③　95秒=60秒+35秒=1分35秒

## 29 円と球 ①

57・58 ページ

**1** ①4　②1　③8　④2　⑤3，5

**2** ①〈答えのれい〉　②〈答えのれい〉

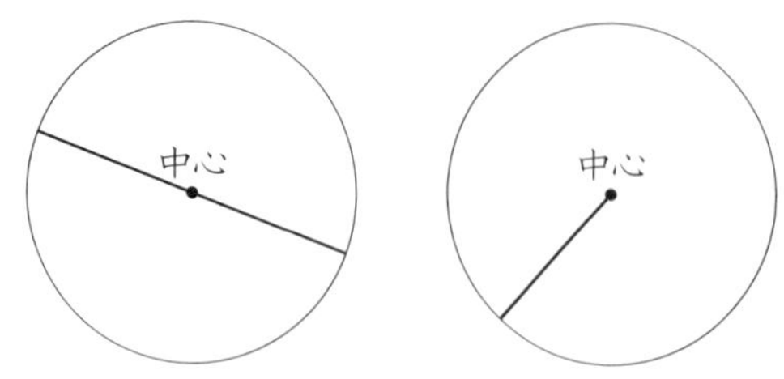


**3** ①　②

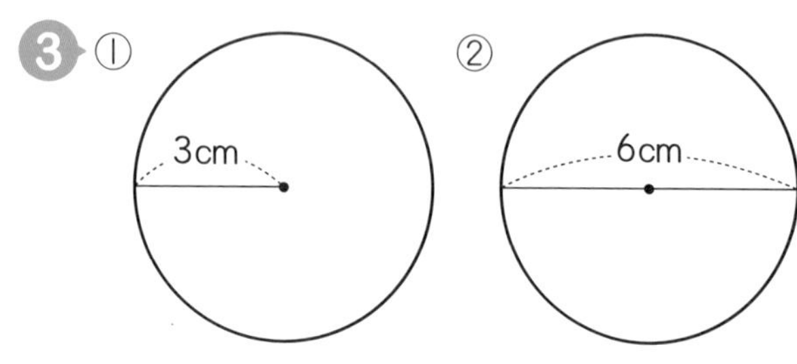


③　④

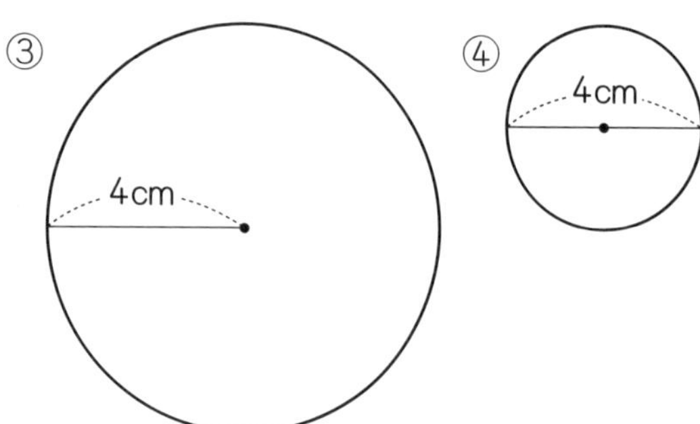


⑤　⑥

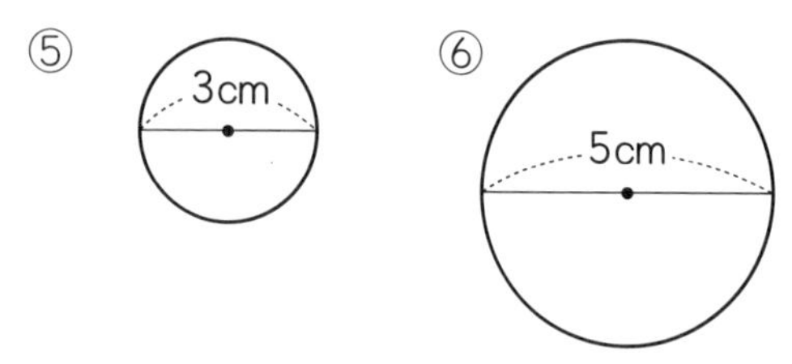


**とき方**

**3** 円をかくときは，コンパスを半径の長さにひらいてかきます。

① コンパスを3cmにひらきます。

② 半径は直径の長さの半分なので，コンパスを(6÷2＝)3cmにひらきます。

⑤ コンパスを1cm5mmにひらきます。

## 30 円と球 ②

59・60 ページ

**1**

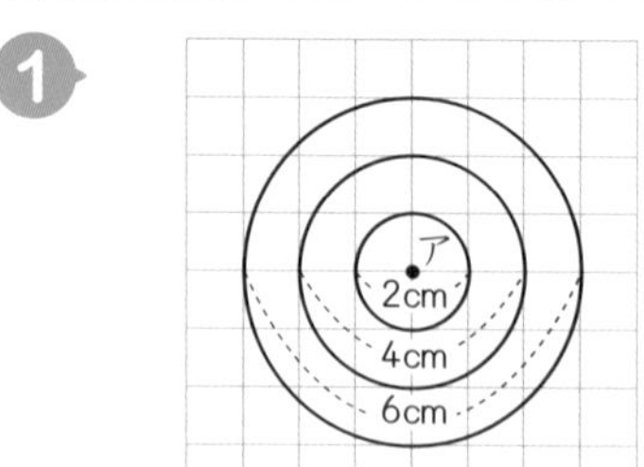


**2** ①　②

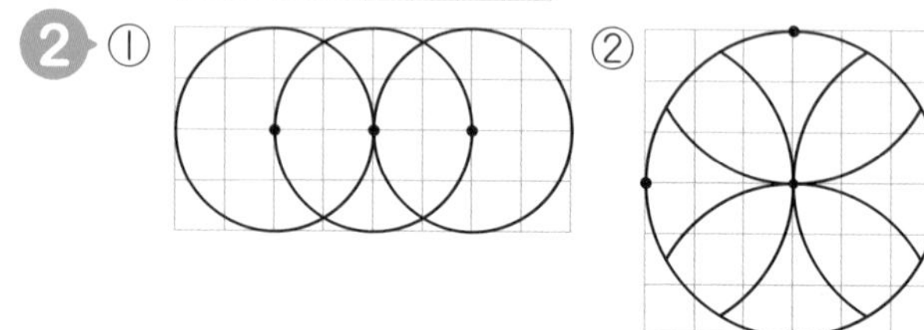

**3** ①　②

**4** ①　②

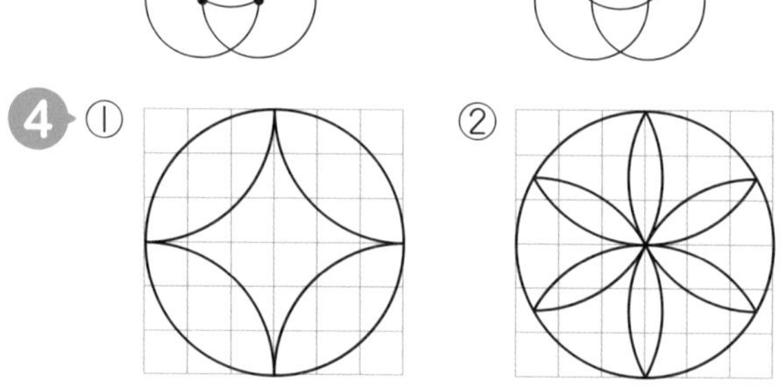

**とき方**

**4** ①② 下の図の点に，コンパスのはりをさしてかきます。図をかきおわったら，正しい図と見くらべて，まちがいがないか，かくにんしましょう。

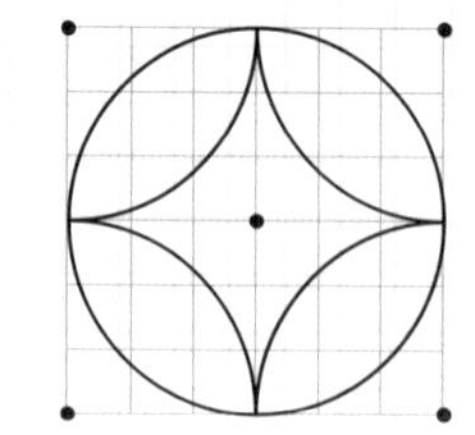

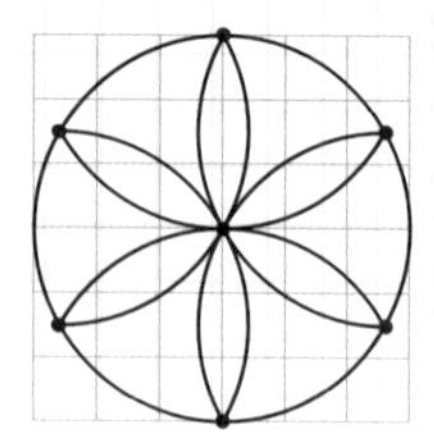

## 31 円と球 ③

61・62ページ

1 ① 4 cm　② 4 cm　③ 2 cm

2 ① 10cm　② 5 cm　③ 2 cm 5 mm

3 ① 6 cm　② 6 cm

4 ① 8 cm　② 10cm　③ 7 cm

5 8 cm

6 12cm

7 15cm

**ポイント**

- **半径…円の中心から，円のまわりまでひいた直線。**
- **直径…円の中心を通り，円のまわりからまわりまでひいた直線。**
- **円の直径の長さは，半径の２倍です。**

とき方

1 ① 大きい円の直径は8cmなので，半径はその半分で4cmです。

② 小さい円の直径は，大きい円の半径と同じで4cmです。

③ 半径は直径の半分です。

3 ① 円の直径は半径の２倍です。

② 正方形の１つの辺の長さは，円の直径の長さと同じです。

5・6 正方形の１つの辺の長さは，大きい円の直径の長さと同じです。また，小さい円の直径は，大きい円の半径と同じなので，大きい円の直径は，小さい円の直径の２倍の長さになります。

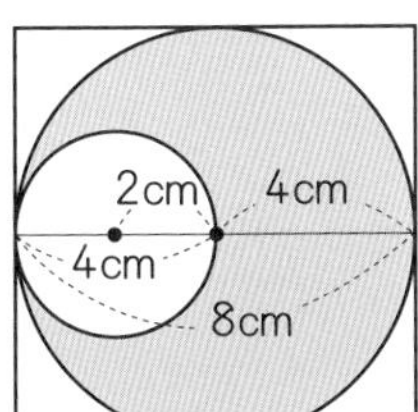


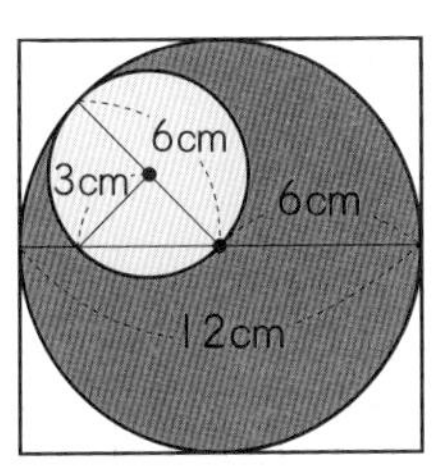


## 32 円と球 ④

63・64ページ

1 (2cm)(2cm)(2cm)(2cm)(2cm)(2cm)

2 (3cm)(3cm)(3cm)(3cm)(3cm)

3 ① あ（○）　い（　）　② あ（　）　い（○）

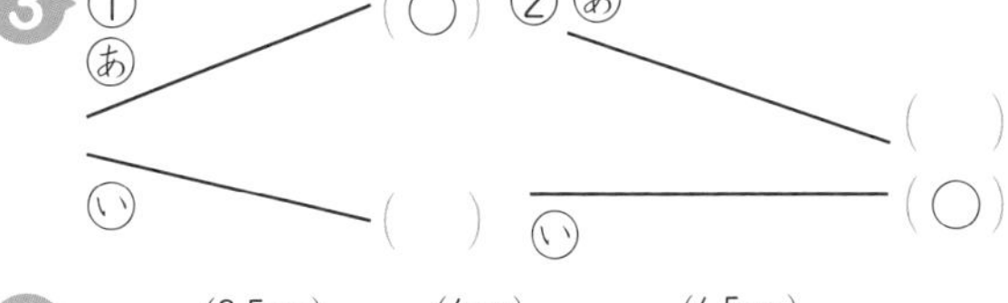

4 ア (3.5cm) イ (4cm) ウ (4.5cm) エ

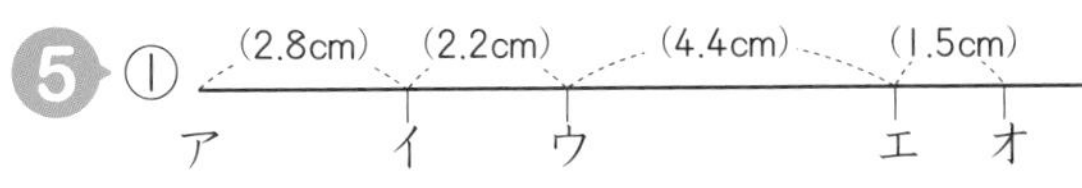

5 ① ア (2.8cm) イ (2.2cm) ウ (4.4cm) エ (1.5cm) オ

② ア イ ウ エ オ（　）

ア（○）

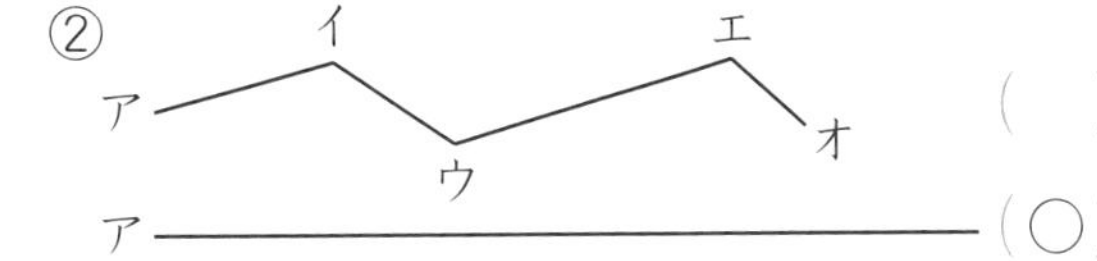

6 ①ウ，オ，シ

②ク，ス

**ポイント**

**コンパスをつかうと，長さをうつしとったり，長さをくらべることができます。**

とき方

1・2 コンパスをうごかすときに，ひらいたはばが，かわらないように，ちゅういしましょう。

6 ① コンパスを4cmにひらいて，アの点を中心に円をかき，かさなった点が，アから4cmはなれた点になります。

## 33 円と球 ⑤

65・66ページ

1

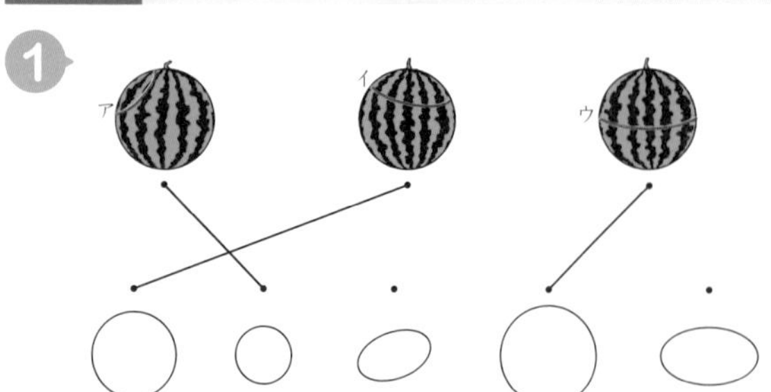

2 ①2　②3，5　③10　④14

3 ①9cm　②4cm5mm〔4.5cm〕

4 ①16cm　②16cm　③8cm

5 ①8cm　②4cm

6 ①6cm　②12cm

**ポイント**

**球の直径の長さは，球の半径の2倍です。**

とき方

1 球のどこを切っても，切り口はいつも円になります。

4 ① 球がぴったり入ったはこの辺の長さは，どこも同じ長さです。

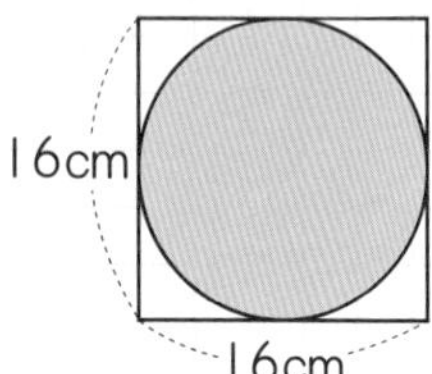


② 直径は，はこの1つの辺の長さと同じです。

5 ① はこの横の長さは24cmで，ボールの直径3こ分の長さなので，ボールの直径は，24cm÷3＝8cmです。

6 ① はこの横の長さは18cmで，ボールの直径3こ分の長さなので，ボールの直径は，18cm÷3＝6cmです。

② はこのたての長さは，ボールの直径2こ分の長さなので，6cm×2＝12cmです。

## 34 三角形と角 ①

67・68ページ

1 ①二等辺三角形　②正三角形

③二等辺三角形　④正三角形

2 ①ⓐ3cm　ⓘ3cm

ⓤ5cm　ⓔ3cm

ⓞ3cm5mm〔3.5cm〕

ⓚ2cm　ⓚⓘ2cm

ⓚⓤ2cm　ⓚⓔ2cm

②正三角形…ⓤ

二等辺三角形…ⓐ

3 ①二等辺三角形…ア，イ，エ，コ

②正三角形…オ，キ

4 ①二等辺三角形　②正三角形

③二等辺三角形

とき方

3 それぞれの三角形の辺の長さを，ものさしやコンパスではかってしらべます。

4 ① 下の図の○のついた2つの辺の長さが等しい三角形ができます。

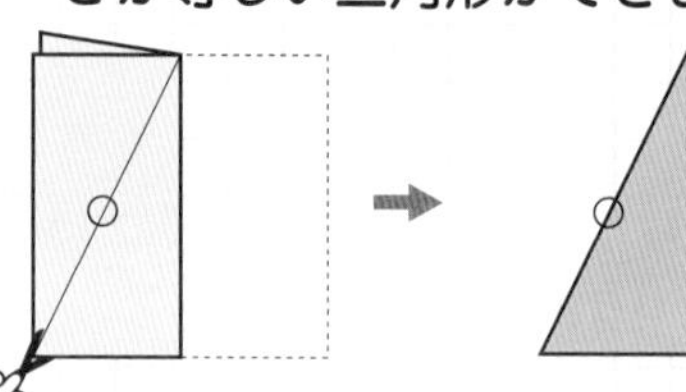

② できる三角形の3つの辺の長さは，それぞれおり紙の1つの辺の長さと等しくなります。

## 35 三角形と角 ②

69・70ページ

**1** ①

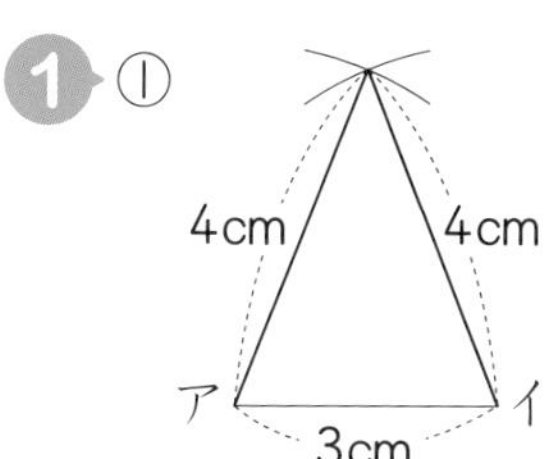


②

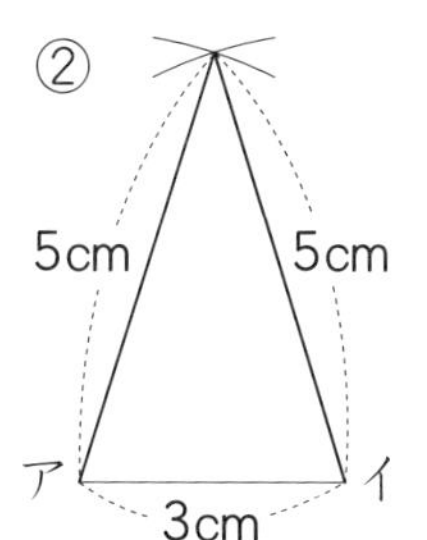


**2** ①

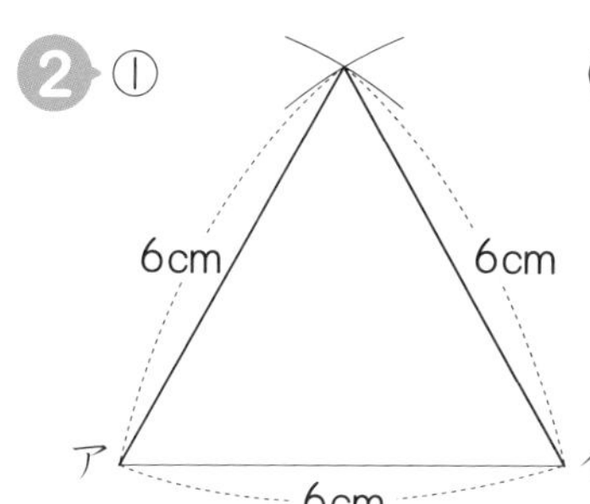


②

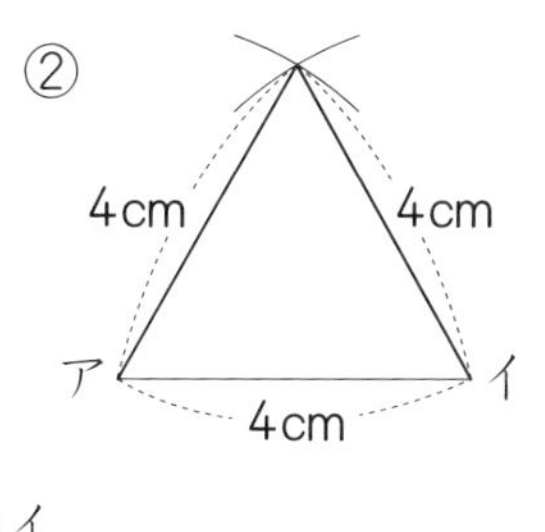


**3** ①

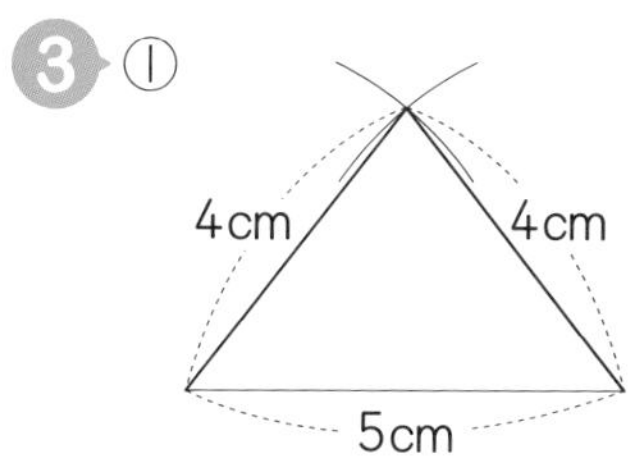


②

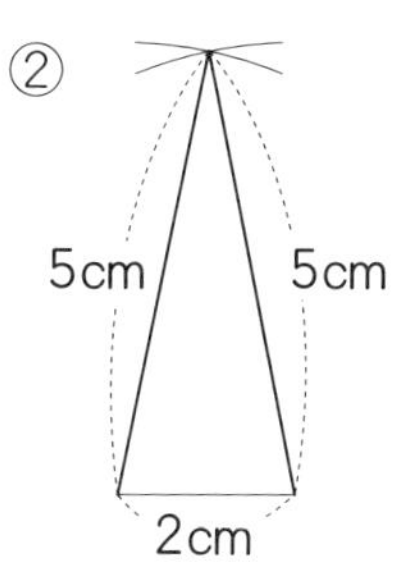


③

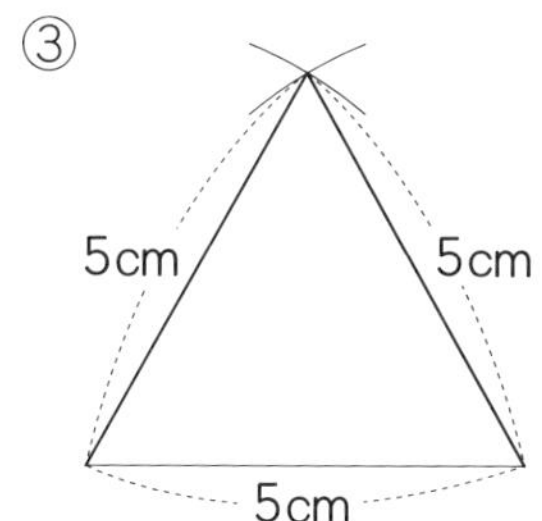


④

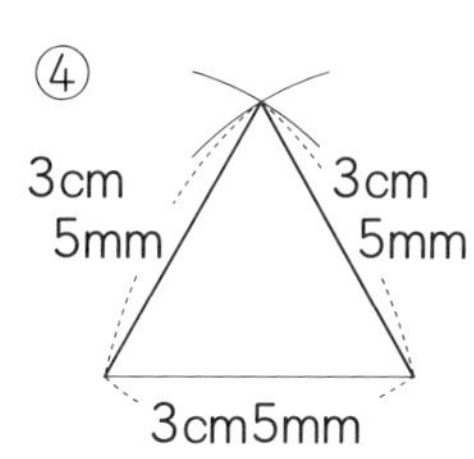


**4** ①③

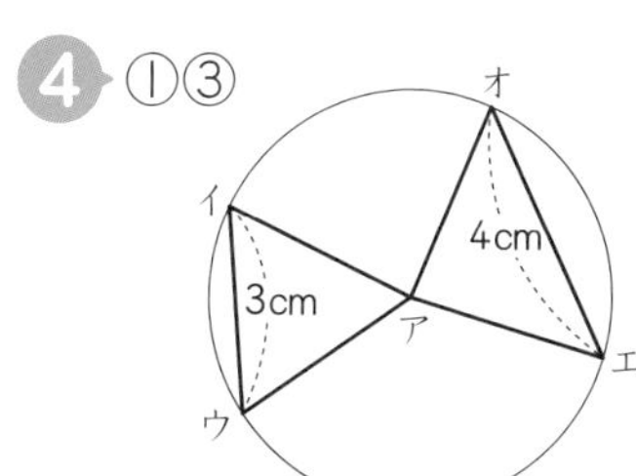


②正三角形

④二等辺三角形

**とき方**

**3** ①②は二等辺三角形，③④は正三角形です。

**4** ② アイの辺とアウの辺はどちらも円の半径なので，3cmです。三角形アイウは３つの辺の長さが等しいので，正三角形です。

④ アオの辺とアエの辺はどちらも円の半径なので，3cmです。三角形アエオは２つの辺の長さが等しいので，二等辺三角形です。

## 36 三角形と角 ③

71・72ページ

**1** ①㋛　②㋛　③㋞　④㋝　⑤㋚　⑥㋞

**2** ㋐…2　㋑…3　㋒…1

**3** ①㋑，㋒

②㋕，㋖，㋗

③㋛，㋜

④㋟，㋠，㋡

⑤㋥，㋦

⑥㋪，㋫

## 37 三角形と角 ④

73・74 ページ

1 ①い　②か　③お

2 ①2　②3　③2

3 ①　②

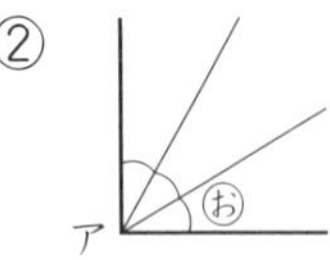

4 ①正方形

②二等辺三角形

〔直角三角形，直角二等辺三角形〕

③長方形

④二等辺三角形

⑤正三角形

**ポイント**

**下の三角じょうぎで，あといの角の大きさ，うとかの角の大きさがそれぞれ同じです。**

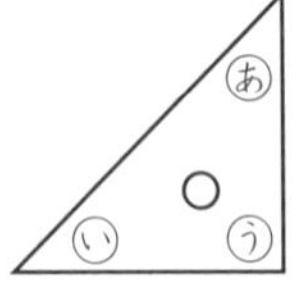

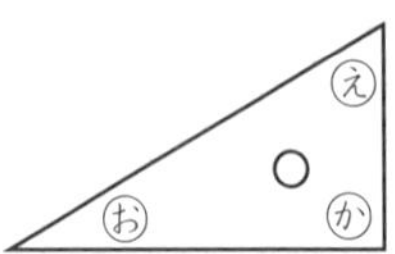

**とき方**

**4** ①　4つの角が直角で，4つの辺の長さが等しいので，正方形です。

②　2つの辺の長さが等しく，2つの角の大きさが等しいので，二等辺三角形です。

③　4つの角が直角で，むかいあう辺の長さが等しいので，長方形です。

⑤　3つの辺の長さが等しく，3つの角の大きさが等しいので，正三角形です。

## 38 ぼうグラフと表 ①

75・76 ページ

1 ①

すきなくだものしらべ

| ぶどう | りんご | メロン | みかん | なし | もも |
|---|---|---|---|---|---|
| 下 | 正 | 正 正 | 正 丁 | 一 | 一 |

②

すきなくだものしらべ

| しゅるい | ぶどう | りんご | メロン | みかん | そのた | 合計 |
|---|---|---|---|---|---|---|
| 人数(人) | 3 | 4 | 9 | 7 | 2 | 25 |

2 ①

すきな本しらべ

| ものがたり | まんが | 図かん | でん記 |
|---|---|---|---|
| 正 正 正 | 正 正 | 正 正 | 下 |

②

すきな本しらべ

| しゅるい | ものがたり | まんが | 図かん | でん記 | 合計 |
|---|---|---|---|---|---|
| 人数(人) | 14 | 10 | 9 | 3 | 36 |

③36人　④ものがたり

**ポイント**

**表に整理するときは，見おとしやかさなりがないように，ちゅういしましょう。**

**とき方**

**1**　さいごに，合計がせきの数と同じ25になるか，たしかめましょう。

**2** ③　②の表の合計が，3年1組の人数です。

## 39 ぼうグラフと表 ②

77・78 ページ

1 ①1人

②ものがたり…14人　まんが…10人

図かん…9人　でん記…3人

③4人　④3倍

2 ①2m

②みつき…18m　えいた…34m

はると…29m　ひまり…24m

③16m

**3** ①2人

②１組…６人　２組…５人

③西町　④南町

**4** ①（１人）7人　②（１こ）3こ

③（２さつ）14さつ　④（５まい）35まい

⑤（10円）70円　⑥（50m）150m

**ポイント**

**ぼうの長さで大きさを表したグラフを，ぼうグラフといいます。ぼうグラフを見ると，何が多いかや何が少ないかが，すぐにわかります。**

**とき方**

**1** ①　5人を5つに分けているので，1目もりは1人を表します。

③　ものがたりがすきな人は14人，まんががすきな人は10人なので，ちがいは，14－10＝4(人)です。

**2** ①　10ｍを5つに分けているので，1目もりは2ｍを表します。

③　みつきは18ｍ，えいたは34ｍなので，ちがいは，34ｍ－18ｍ＝16ｍです。

**3** ①　10人を5つに分けているので，1目もりは2人を表します。

③　3年生全体で住んでいる人がいちばん多いのは西町で，16人です。

④　2組は，東町が5人，西町が6人，南町が8人，北町が6人で，いちばん多いのは南町の8人です。

**4** ②　5こを5つに分けているので，1目もりは1こを表します。ぼうの長さは3目もり分なので，3こです。

④　10まいを2つに分けているので，1目もりは5まいを表します。ぼうの長さは7目もり分なので，35まいです。

## 40　ぼうグラフと表　③

79・80ページ

**1** ①②③④

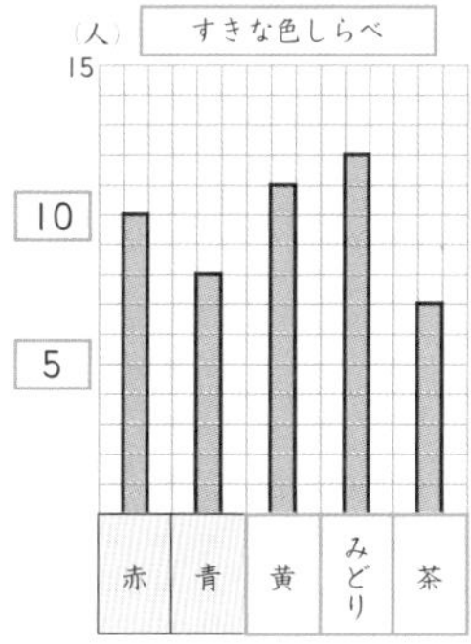


⑤みどり

**2** ①②③④

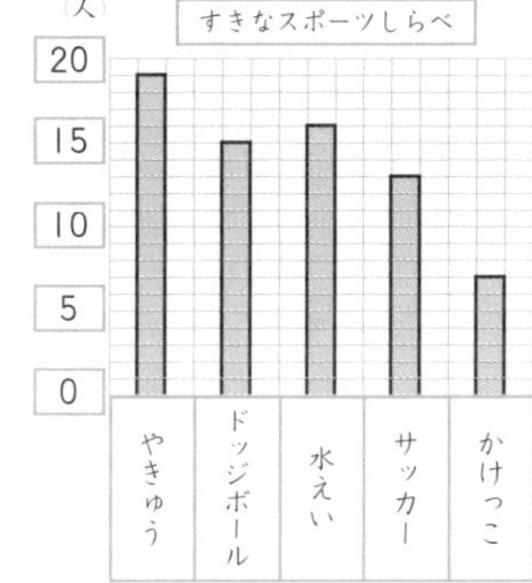


**ポイント**

**いちばん多い数のぼうがかけるように，たてのじくの1目もりの数をきめましょう。**

**とき方**

**1** ⑤　いちばん多い人数はみどりの12人なので，みどりのぼうの長さがいちばん長くなります。

**2** ②　いちばん多い人数はやきゅうの19人です。たての目もりは20こあるので，1目もりを1人として目もりをつけます。

## 41 ぼうグラフと表 ④ 81・82ページ

**1** ①(あ)…64　(い)…61　(う)…55

②③④

3年生のけっせきしゃ

| 月＼組 | 1組(人) | 2組(人) | 3組(人) | 合計(人) |
|---|---|---|---|---|
| 4月 | 25 | 21 | 19 | 65 |
| 5月 | 13 | 10 | 17 | 40 |
| 6月 | 18 | 19 | 9 | 46 |
| 7月 | 8 | 11 | 10 | 29 |
| 合計(人) | 64 | 61 | 55 | 180 |

**2** ①11人　②4人

③(あ)…36　(い)…35　(う)…37

④2組

⑤(え)…36　(お)…34

(か)…26　(き)…12

⑥ものがたり　⑦108

⑧1組，2組，3組の人数の合計

**とき方**

**1** ②　(お)は1組のけっせきしゃの合計で，(あ)の数が入ります。

③　それぞれ横にたした合計をかきます。(た)は1組，2組，3組の4月のけっせきしゃの人数の合計を表します。

**2** ③　それぞれたてにたした合計をかきます。(あ)は1組の人数，(い)は2組の人数，(う)は3組の人数を表します。

⑤　それぞれ横にたした合計をかきます。(え)はものがたりがすきな人，(お)はまんががすきな人，(か)は図かんがすきな人，(き)はでん記がすきな人の，それぞれ3年生全体での人数を表します。

## 42 しんだんテスト ① 83・84ページ

**1** ①52104389

②2001005

③1000230

④九千九百三十一万二千六百二十五

⑤二千八万九十

⑥七千五百万七千五百

**2** ①1kg600g　②1kg90g

③3kg800g

**3** (左から)0.5，1.6，2.1，2.9

**4** ①6cm　②3cm

**5** 二等辺三角形　㋑，㋓，㋗

正三角形　㋒，㋖，㋙

**6** ①2さつ

②かおる…31さつ

たくみ…38さつ

③2さつ　④14さつ

## 43 しんだんテスト ② 85・86ページ

**1** ①(左から)100万，102万，103万

②(左から)98100，99300，100600

**2** ①2030　②5550　③8000

④1003　⑤2，500

⑥8，510　⑦6，50　⑧2

**3** ①<　②>　③＝

④＝　⑤>　⑥<

**4** ①8　②35　③6.8　④7.1

**5** ①1分20秒　②3分35秒

③5分15秒　④6分49秒

**6** ①6cm　②3cm